U0383612

知识管理与智能服务研究前沿丛书

国家自然科学基金青年项目“复杂情景下环境邻避冲突演化机理及危机转化路径研究”（批准号：72204192）

基于复杂系统视角的垃圾邻避危机识别与转化研究

Research on Crisis Recognition and Conversion of Waste NIMBY Based on Complex System Perspective

何玲 著

图书在版编目(CIP)数据

基于复杂系统视角的垃圾邻避危机识别与转化研究 / 何玲著 . 武汉 : 武汉大学出版社, 2024. 9. -- 知识管理与智能服务研究前沿丛书. -- ISBN 978-7-307-24575-4

Ⅰ. X799.3

中国国家版本馆 CIP 数据核字 2024XT3809 号

责任编辑:詹　蜜　　　责任校对:鄢春梅　　　版式设计:马　佳

出版发行: **武汉大学出版社**　(430072　武昌　珞珈山)

(电子邮箱: cbs22@ whu.edu.cn　网址: www.wdp. com.cn)

印刷:武汉邮科印务有限公司

开本:720×1000　1/16　印张:16　字数:238 千字　插页:2

版次:2024 年 9 月第 1 版　2024 年 9 月第 1 次印刷

ISBN 978-7-307-24575-4　定价:78. 00 元

前　言

中国城市化进程的加快使得民众对垃圾处理设施的需求增大，建设垃圾焚烧发电项目，成为我国城市发展的“刚需”。《中华人民共和国国民经济和社会发展第十四个五年规划和2035年远景目标纲要》提出，要完善生态文明领域统筹协调机制，构建生态文明体系，推动经济社会发展全面绿色转型，建设美丽中国。打好污染防治攻坚战，解决好人民群众反映强烈的环境问题，既是改善环境民生的迫切需要，也是加强生态文明建设的当务之急。

垃圾邻避危机是民众感知到利益风险失衡而引发抵制垃圾处理设施项目建设的社会群体性事件，正确认识并有效治理垃圾邻避危机是国家治理体系和治理能力现代化进程中难以回避的现实问题。本书从当前大力兴建基础设施的热点话题出发，聚焦风险高、隐患多、危害大的垃圾邻避危机，这类危机对社会稳定、经济发展、生态可持续发展等有着重大影响。本书改变传统危机管理研究仅仅是寻求危害最小的传统思路，从危机转化视角突破传统维稳式的邻避治理思维，针对垃圾邻避危机治理面临的基础性、源头性问题开展深层次研究，并提出解决思路与政策建议，以创新驱动垃圾邻避危机治理理论升级，破解垃圾邻避危机治理难题。本书的内容主要包括以下几个部分。

第一，分析基于复杂系统涌现性的垃圾邻避危机情景演化特性。以2006年至2019年中国发生的26例典型垃圾邻避危机案例为研究对象，通过扎根理论的编码分析，厘清垃圾邻避危机情景演化动因，在此基础上揭示垃圾邻避危机演化规律与路径，运用动态贝叶斯网络构建垃圾邻避危机情景演化模型，并以湖北仙桃垃圾焚烧邻避危机为例进行模型验证。

第二，剖析基于免疫系统的垃圾邻避危机识别模型。将危机识别问题转化为识别情景演化网络中的“非己”抗原，利用改进的NSGA-Ⅱ算法求解湖北仙桃垃圾邻避危机问题的多目标优化解集。

第三，运用基于复杂系统整体性的模糊集定性比较方法。采用均值锚点对条件变量和结果变量进行赋值，通过fsQCA3.0软件对真值表进行数据分析，根据条件组态的分析结果，明确垃圾邻避危机转化路径的方向。

第四，构建基于复杂系统仿真的垃圾邻避危机转化度模型。首先根据冲突转化理论及扎根理论编码结果，建立垃圾邻避危机转化指标体系。然后基于G1-熵权综合赋权的方法确定底层指标的权重。其次，提出了基于改进向量空间模型的发展度，运用复杂系统模拟仿真筛选了协调度，在此基础上确定了危机转化度的度量公式。最后通过案例分析验证模型的稳定性和可解释性。

本书基于多学科理论与方法的综合运用，对垃圾邻避危机的演化机制、识别模型和转型路径进行系统研究，以建设性的思维和方式实现垃圾邻避危机的根源转化，实现无“危”而治，防“危”杜渐。创新点主要体现在：一是构建基于动态贝叶斯网络的垃圾邻避危机情景演化模型，为系统性把握垃圾邻避危机的发展态势提供分析基础。二是构建基于改进NSGA-II算法的垃圾邻避危机识别模型，为垃圾邻避危机有效转化提供决策依据。三是构建垃圾邻避危机转化路径分析和评价模型，为评估垃圾邻避危机转化成效提供新思路。

本书出版得到了国家自然科学基金青年项目“复杂情景下环境邻避冲突演化机理及危机转化路径研究”（批准号：72204192）的资助。

鉴于水平有限，书中的疏漏、不妥甚至错误之处，恳请读者批评指正。

何　玲

目　录

第1章 绪 论

1.1 研究的背景、目的及意义

1.1.1 研究背景

新时代背景下，中国的社会结构与社会矛盾已经发生了改变，预示着我国社会治理面临着危机和挑战。垃圾邻避设施建设是民众与政府在城镇化建设和社会经济快速发展问题的博弈。一方面人民生活水平的提高导致人民对城市垃圾处理设施需求的增大。《"十四五"城镇生活垃圾分类和处理设施发展规划》指出，"十三五"期间，全国共建成生活垃圾焚烧厂254座，累计在运行生活垃圾焚烧厂超过500座，焚烧设施处理能力58万吨/日。全国城镇生活垃圾焚烧处理率约45%，初步形成了处理能力以焚烧为主的垃圾处理发展格局[1]。另一方面，居民环境意识不断增强并对自身权益愈加重视。在2016年6月底至7月初的短短10天之内，湖北仙桃、湖南宁乡和广东肇庆先后因公众反对垃圾焚烧发电项目的建设，导致上访、游行甚至暴力冲突等抗争行为，严重威胁社会安全稳定。

在转型期，实现社会治理现代化需要使社会治理体系和治理能力契合其面临的社会风险。如何有效治理垃圾邻避危机，化“邻避”为“邻利”，既是政府面临的严峻挑战，也是国内外学者关注的热点问题。*Nature*、*Science* 多篇文章指出由环境问题引发的社会安全事件是城市化进程中非常紧迫的现实问题和亟待解决的重大科学问题[2][3][4]。根据《中国统计年鉴 2023》的统计数据，2020 年全国共发生突发环境事件 113 次，其中重大环境事件 2 次。当前，我国正处于绿色低碳转型发展的关键时期，垃圾邻避危机进入“新常态”，亟须遵循现代治理理念，构建垃圾邻避危机管理新模式，实现垃圾邻避设施建设中风险与收益、整体与局部的协调发展，既是新时代国家治理现代化的题中之义，也是防范化解社会风险的重大现实需求。

1.1.2 研究目的

当前，我国正面临治理体系的巨大变革和新型城镇化的发展路径重构问题，这对地方发展提出了新的要求，公共设施的大规模建设和公共服务的均等化供给成为城乡一体化发展的重要举措。与这种趋势相对应的，则是公众环保意识的提升和权利意识的增强，垃圾邻避设施项目的建设容易触发公众敏锐的神经。地方政府基于传统维稳式的垃圾邻避危机治理思维，使得兼具社会公益属性的垃圾邻避设施项目几乎都以政府宣布缓建或停建结束[4]。这不仅制约区域社会、经济和生态效益的整体增加，而且不能从根本上化解垃圾邻避危机，无法形成应对频发的垃圾邻避危机的长效机制。

垃圾邻避危机治理关乎新型城镇化和国家现代化建设，推进社会治理现代化，必须完善新形势下人民内部矛盾有效机制，及时防范化解各类矛盾隐患和风险，促进社会和谐发展。因此，如何妥善解决垃圾邻避设施建设带来的垃圾邻避危机问题，已经成为地方政府执政的挑战。本书基于总体把握、分步细化、重点突破的宗旨，按照“问题分析、方案设计、模型构建”的逻辑思路进行研究。首先完成相关基础数据的采集和整理工作，确定采用基本理论、方法的研究范式对问题进行分析。随后将协同主体、协同要素、协同机

制和协同目标纳入垃圾邻避危机演化机制和转化路径，设计垃圾邻避危机治理的分析框架和逻辑体系。最后分别借鉴动态贝叶斯网络、模糊集定性比较分析和危机转化度等模型进行案例分析，并提出有针对性的对策建议。

1.1.3 研究意义

垃圾邻避危机问题的本质是复杂系统的社会性公共危机。“居安而念危，则终不危；操治而虑乱，则终不乱。”为解决现有垃圾邻避危机的管理困境，需要从危机转化的新视角，提出垃圾邻避危机转化的新思路，改变现有研究仅仅是寻求危害最小的传统思路，破解垃圾危机难题。

垃圾邻避危机转化管理系统可被视作一个开放的复杂系统。就运行机理而言，免疫系统识别、消灭抗原的过程，在很大程度上与垃圾邻避危机识别的过程相类似，免疫系统启发的政策学习迁移，有望提供解决垃圾邻避危机问题的全新思路。

本书通过多学科交叉融合，借鉴情景构建、免疫系统等理论和方法创新垃圾邻避危机转化管理模式，追求在危机中发掘机会，寻找机会最优点，探索垃圾邻避危机转化的最佳路径。理论和实践意义主要表现在以下几个方面。

(1)理论意义

①丰富和扩展垃圾邻避危机的决策方法。在分析垃圾邻避危机演变规律的基础上，构建垃圾邻避危机情景演化网络，推动垃圾邻避危机情景识别的发展。并以垃圾邻避危机识别模型驱动垃圾邻避危机转化，界定垃圾邻避危机转化路径分析框架和度量标准，为垃圾邻避危机转化方法相关研究提供新的思路。

②为垃圾邻避危机转化管理提供理论依据。运用免疫系统相关理论，综合运用扎根理论、动态贝叶斯网络和协调发展度等建模分析方法，挖掘垃圾邻避危机的演化机制，设计垃圾邻避危机转化路径，是对协同治理理论、免疫学理论和危机管理理论的丰富和发展。

(2)实践意义

①为垃圾邻避危机转化治理的高层决策提供依据。优化政府决策流程是化解垃圾邻避危机的着力点，通过典型案例剖析吸取经验和教训，坚持问题导向，补齐垃圾邻避危机治理的短板和弱项，将协同治理机制优势转化为垃圾邻避危机治理效能，实现从“治理邻避”到“邻避治理”的转型，为垃圾邻避危机治理现代化探索可复制可推广的经验。

②为垃圾邻避危机转化治理提供科学手段。遵循现代化治理理念，创新邻避问题治理手段，在垃圾邻避设施项目建设与管理全过程中，通过多元主体共同参与，化“邻避”为“邻利”。不断提高防范化解社会风险的治理能力和水平，在实践中探索符合中国情境的垃圾邻避危机治理之路。

1.2 国内外研究综述

1.2.1 邻避危机研究

(1)邻避危机的问题

O'Hare 最早提出邻避的概念，其英文全称是“Not In My Back Yard(NIUBY)”，他将邻避定义为某些设施的建设对社会整体公共服务的提升具有重要的作用，但是同时也会给周边居民带来环境污染，进而遭到设施周边居民抵制的现象[6]。近年来，学界重点探析了邻避危机的内涵、类型以及特征等问题。

①邻避的内涵。

Kraft M E(1991)基于参与公共设施选址的实践经验，发现邻避是相对于公共利益而言，民众更关注公共设施项目对自身健康、环境和安全等构成的威胁，进而产生担忧、恐惧和抵触的心理[7]。Vittes M E(1993)也有类似的观点，他认为邻避体现了民众“环境至上”的理念，出于担心公共设施损害自身的生存权和环境权，所激

发地对公共设施建设强烈的抵触情绪[8]。

②邻避冲突的类型。

张乐、童星(2013)将“邻避冲突”划分为四种类型：一是以垃圾处理设施等为代表的污染类，二是以核电站等为代表的风险集聚型，三是以监狱等为代表的污名化类，四是以殡仪馆为代表的心理不悦类[9]。崔晶(2013)从抗争强度和抗争目标两个维度，将邻避冲突分为基于环境保护—散步抗争的单一目标温和行动，基于环境保护—边缘性暴力的单一目标激进行动，基于社会公正—散步抗争的多元目标温和行动，以及基于社会公正—边缘性暴力的多元目标激进行动[10]。

③邻避冲突的特征。

李琳、刘海东(2019)归纳出我国邻避冲突的四个特点：一是冲突主体的多元性，包括与项目有直接或间接利益关系的个体或群体。二是冲突双方的信息、资源、权势的不对称性。三是邻避冲突爆发阶段的积聚性，主要集中爆发在项目选址前期阶段。四是后果的严重性，邻避冲突严重影响社会稳定运行[11]。

王娟等(2014)总结出中国邻避冲突的特性：一是邻避冲突涉及的类型，大多起源于垃圾焚烧厂、化工项目等邻避设施。二是涉及的区域常见于经济社会发展水平较高的区域。三是大部分以政府迁建、缓建或停建而告终。四是抗争方式从试图合法、理性表达诉求向组织非理性的暴力抗争转变。五是抗争目标明确，政府妥协便可使事件平息[12]。

(2)邻避危机的成因

邻避危机的产生是多种因素综合作用的结果，学界主要从以下几个维度分析了邻避危机产生的原因，回答冲突为何发生、如何演变等问题。

①利益失衡。何艳玲(2009)指出一方面邻避设施会对空气、水等生态环境产生影响，进而产生健康问题。另一方面邻避设施成本与效益不对称导致居民产生邻避情结[13]。民众对邻避设施可能造成的负面影响的过度担忧会引起情绪化的非理性行为[14][15]。Zheng J(2020)提出了一个认知-情感耦合框架来揭示居民接受的形

成机制，结果表明，风险、利益、信任认知和情感对居民接受的形成有直接影响。其中，情感与风险认知具有耦合效应，通过制度缓解风险认知情绪为政府提供了一种具体的控制居民情绪的途径[16]。

②风险感知偏差。居民对邻避设施的主观感知偏差是导致邻避抗争的心理基础。邻避设施的预期效益，如社会福利、更好的生活质量和新的就业机会，可以促进公众的接受。相比之下，对潜在风险的预期，如环境污染，对健康、安全问题和财产的影响，可能会引起公众的反对[17]。张俊(2014)指出公众抗议的原因主要包括周边生态破坏、环境污染、房产贬值及所感知的健康风险等[18]。王奎明(2014)等基于全国调查研究发现，风险是邻避抗争活动中关注的单一型核心议题[19]。鄢德奎(2018)等通过分析2005—2016年531起邻避冲突事件，发现邻避设施运营中由于监管不当产生的环境风险，以及居民对环境保护的诉求导致了邻避冲突的发生[20]。黄震、张桂蓉(2019)通过归纳影响邻避设施风险感知的相关成果，在此基础上整合风险感知量表，根据调查资料的相关分析和一般线性回归分析，得出样本地区影响风险感知的8个因素[21]。

③邻避设施接受度。公众对邻避设施的接受程度与邻避设施距离、污染物气味等因素相关[22]。接受度有可能通过开放协商、提高决策透明度和提供利益补偿等方式改变[23]。地方政府可能通过增加规避动荡的不透明度或者选择不太可能出现公众反对意见的地点[24]。Yang Wang (2021)通过对450名邻避设施当地居民的调查研究发现，社会环境对公众接受的直接影响最大，感知利益风险在公众接受邻避设施方面起着至关重要的积极作用。以程序正义、分配正义和社会信任为代表的社会环境，也可通过利益风险感知的权衡，对公众接受产生显著的间接影响[25]。

④公众信任。张劲松等(2014)指出公众在决策过程中的参与不足，会让其产生个人权利不被重视的剥夺感，因此对政府往往不信任，从而采取群体性行动迫使政府让步[26]。吴勇(2021)公众对政府、邻避项目及邻避设施运营商的不信任问题是邻避冲突的深层次原因，可通过增强信息公开透明度重构公众信任，从而化解邻避冲突[27]。

⑤主体行为与态度。Stern P C(1995)着眼于主观规范、行为控制等社会心理学因素对公众抗议行为的影响[28]。Poortinga W(2004)探讨人生价值观、社会价值观对公众的环境态度和环境行为的影响[29]。胡象明、刘鹏(2019)指出政府、周边民众、邻避项目建设和运营企业等主体对敏感工程的客观价值风险和价值冲突导致了行为冲突[30]。龚泽鹏等(2018)通过66篇重点文献的扎根理论分析，归纳出10个影响邻避行为的影响因素，其中需求满足度、风险感知以及政府行为与态度是关键因素[31]。

⑥政府治理。辛方坤(2018)指出由于地方政府服务理念滞后，对民众关心的关于邻避项目的质疑避重就轻，政府回应失灵导致民众心理受挫，其立场由原先的寻求说法改为跟政府对立[32]。Yong Liu(2019)认为封闭决策—宣告—保卫决策方法是公众反对的根本原因，更加开放和民主的公开参与方式在九峰焚烧厂的成功重组决策中发挥了重要作用[33]。

(3)垃圾邻避危机的治理对策

①公众参与。公众参与是解决利益相关者冲突的有效途径，是对依靠技术官僚和理性计算的规范决策范式的补充。Linlin Sun(2016)探讨了有效的公众参与，以及城市管理者减少邻避冲突的设施选址响应策略所包含的社会影响[34]。Xiang Z(2018)开发了通过一个话语分区促进公众参与邻避风险缓解的方法，以估计不同公共群体在项目选址、建设、运营阶段和最终放弃邻避设施过程中的话语权[35]。杨雪锋等(2018)认为应该通过公众参与制度弥补利益主体之间的认知分歧[36]。Xinyue Yao(2020)从参与程度和冲突程度的角度，建立一个综合框架，对环评实践中不同的公众参与模式进行分类，并分析其特点，研究结果表明，协同公众参与是增强公众参与有效性的一种可能途径[37]。

②民主协商。转变对邻避设施的污名化认知和封闭式决策的思维，打造协商讨论的渠道和平台，引导不同利益主体达成共识，实现风险与收益、个体利益与整体利益的协调发展[38]。邵青(2019)通过对余杭和仙桃垃圾焚烧发电项目的案例分析，得出协商治理模式可有效化解邻避危机，具体可通过创新风险沟通的方式，提高民

众的接纳水平，获取民众的信任和支持[39]。

③治理转型。唐庆鹏、康丽丽(2016)指出可通过增进理解、共享权利和共同治理实现邻避危机治理目标[40]。Liu Z(2018)指出邻避设施治本之策在于不断进行体制改革，确保公众有意义地参与项目规划过程，这将最终提高公众对政府决策程序公正性的信任[41]。周亚越(2018)等通过分析我国3起典型的邻避冲突事件发现，开明的决策模式有利于实现程序正义，适当的利益补偿能促进实现实物正义，两者的综合运用能有效消除政府和民众之间的话语壁垒[42]。邓集文(2019)从包容性治理的角度探索治理转型，提出改变政府单一主体治理风险的局面，形成政府、民众、企业、社会组织多元主体平等协商善治之道[43]。

④风险沟通。Huang L(2015)指出当前群体具有较高的环境意识和权利意识，环境沟通和公众参与会影响固废管理的政策支持率[44]。吕书鹏(2017)等研究发现，可通过有效的风险沟通，利益补偿和优化决策方式来降低利益主体的风险感知，从而打破邻避项目的决策困局[45]。陈宝胜(2018)指出需要根据民众的诉求，抗争的激烈程度、方式等现实治理困境采取有针对性的措施[46]。张紧跟(2018)以九峰垃圾焚烧发电项目为例进行案例回溯分析，研究结果表明可通过有效的风险沟通对居民的风险认知进行事先预防，给予周边居民合理的风险补偿来提升居民的获得感[47]。卜玉梅(2018)也认为，政府要注重审视项目决策和政策执行中的角色和责任，重视民众维护自身权利的需求和行为，客观地阐释邻避项目的技术能力[48]。

⑤风险补偿。首先经济补偿较早用来解决邻避设施处置问题，通过风险补偿弥补邻避设施周边民众的损失能够在一定程度上缓解民众的邻避情绪[49]，但是补偿政策和风险沟通政策应考虑居民对风险和损失的不同承受能力[50]。这是因为公众接受程度取决于风险和收益的相对主导地位[51]。其次，社区参与具有建立公平、传播知识、提高民主共同价值观的有效性和合法性的巨大潜力[52]，因此被证明是处理反焚化抗议的可行方法[53]。张瑾、商艺凡(2019)认为要丰富风险补偿机制，通过实物补偿、货币补偿以及

生态补偿等多种形式，调节风险失衡导致的利益冲突[54]。

⑥技术升级。学者们从不同视角探讨了垃圾邻避设施的规划、设计、建设、运营及管理等问题，以及规避邻避效应的经济学方法和技术手段[55][56][57]。Lu J W(2019)认为通过协调建筑设计、开发空间以及与社区的和谐，可以实现垃圾焚烧厂的可持续发展，减轻社会负面影响[58]。Kikuchi(2009)通过对葡萄牙垃圾焚烧邻避效应案例研究表明，公众的可接受性对于毫不拖延地实施危险废物管理非常重要。因此，危险废物管理的工程师、研究人员和规划人员应该意识到，仅针对技术性能的报告不如将管理工具纳入工业实践的综合报告有益[59]。

⑦信息公开。谭爽(2017)基于7起典型案例的横、纵向深度剖析，提出治理邻避运动的突破点在于坦诚告知公众垃圾焚烧的风险，唤醒公众进行垃圾分类的意识，充分发挥各利益主体的角色优势，建立协商合作的社会治理结构，通过营造自由、平等的政策宣传环境，培育一批具有榜样作用的环境公民[60]。

(4)垃圾邻避危机研究的总结

国内外学者从公民权利、政府决策、城市治理等视角对邻避危机的内涵、特征、成因及治理对策等进行了探讨，已有的垃圾邻避危机问题研究集中在经济学、政治学和公共管理的理论基础上，分析选址策略、公众参与、风险补偿等治理机制，从宏观的角度说明了微观公共政策造成的涌现现象和整体影响，补充了传统研究范式的不足，构建了能够被理论研究者和实践者接受的话语体系，这些为本书研究垃圾邻避危机转化提供了一个丰富的理论基础。但其不足之处体现在：一是对垃圾邻避危机识别与转化系统性的溯源分析不充分。垃圾邻避危机情景演化、识别和转化的过程复杂，需要系统的研究视角全面阐述垃圾邻避危机转化管理各阶段的要点；二是研究结论的科学合理性有待进一步提高。这些定性分析得出的对策建议大多是基于主观归纳，缺乏定量的模型支撑，不能从根源上为实现垃圾邻避危机转化管理提供可靠的模型解释。

1.2.2 危机情景研究

情景是用来表征未来多种可能的结果及其实现途径[61]。情景构建的相关技术和方法应用于应急体系建设，可对亟待解决的事件进行应急能力评价，提高应急管理的系统性和科学性[62]。危机具有突发性和不确定性，情景构建是危机识别和评估的基础，通过已有事件资料的分析、归纳，通过时间和空间的逻辑结构，提炼事件演化的过程，掌握潜在危机的发展态势，并对可能产生的后果进行预测，形成相应的应急决策方案，及时控制某些情景的实现路径，提高应急管理响应速度和效果[63]。

(1)情景要素研究

盛勇(2015)概括了危险源、事件演化和响应三个关键情景要素，其中危险源主要涉及人为不安全等人为影响因素，自然环境恶化和设施故障等非人为影响因素[64]。王永明(2016)归纳出理性的情景要素主要包括六个方面的内容，分别是诱发条件、复杂程度、演化规律、影响范围、破坏强度和产生的后果，为事故类灾害的机会分析和效益准备提供了理论基础[65]。陈雪龙(2017)以汶川地震为典型案例，选择泥石流沟、泥石流、河流、村庄、安置点等因素作为情景要素，并根据情景要素的实际数据，构建情景粒层[66]。姜波、张超、陈涛等(2021)通过理论研究和具体实践，总结出6个情景要素：事件、致灾因子、环境、承载体、响应活动和事件后果，根据情景要素之间的联系与相互作用关系，表示突发事件的情景演化过程[67]。

(2)情景演化研究

情景演化研究主要包括情景演化耦合机理和情景演化规律[68]。决策者需要对情景进行解构，突出决策者在制定新政策时必须考虑的政策需求、决策合理性、专业知识、概率和可信度等因素，以确定哪些情景与决策相关[69]。雷晓康、刘冰(2020)指出要构建应急管理常态化机制，建筑风险预警的铜墙铁壁，具体而言，首先需要明确主次目标，然后通过各项支撑要素促进常态化体系动态过程的运转[70]。郄子君、荣莉莉(2020)指出突发事件灾害的演化主要通过两种状态的改变而发生，其一是承载体随着时间的动态推进导致自身属性的改变，其二是灾害后果耦合作用导致的综合结果[71]。

(3)情景模型构建

在考虑安全关键系统中的安全和事故因果关系时，系统思维方法是被广泛接受的方法[72][73]，已有的经典研究基于"情景-应对"决策[74][75][76]、模糊推演[77]、随机 Petri 网[78]、演化博弈[79][80][81]、知识元混合推理[82][83]、GERTS 网络[84]等模型对突发事件情景演化进行建模分析。

在此基础上，徐绪堪、李一铭(2020)通过收集相关情报数据，分解情景要素，提取关键情景单元，构造支持向量级分类函数，计算情景相似度，为用户提供精准的决策支持[85]。王琳(2020)将粮食突发事件相关的碎片化数据、信息等知识，用规范化、结构化的形式进行表述，构建案例库的本体模型，便于识别、集成、储存和调用案例库中的经验和知识，提高应急决策管理的科学性和高效性[86]。于超、邬开俊、张梦媛等(2020)通过符号化、网络化的表示方法，明晰、高效、简便地表达情景网络的不确定性和动态性，为事件情景状态描述、态势分析以及路径纠偏提供定量计算的依据[87]。Chen C(2020)为有效评估人和设施在多种危害中的脆弱性，将化工厂建模为包含危险装置、火源和人类的多智能体系统，运用动态蒙特卡罗方法，有效模拟火灾危机演化过程中同时爆发和连续反应的多重危害情景[88]。George P G，Renjith V R (2021)概述了贝叶斯网络的建立和验证方法，并综述了贝叶斯网络在安全风险评估中的应用[89]。

(4)危机情景研究的总结

在基于情景要素构建演化网络的功能描述和结构表示上，学者们基于不同研究视角，提炼了情景要素的数量及类型，但尚未达成统一的认识。关于如何准确、便捷地构建情景演化的影响因素、发生阶段及发展路径，是需要继续深入研究的问题。在危机情景演化模型方面，学者们主要利用知识元模型、演化博弈模型、贝叶斯模型等，但已有研究的分析停留在概念模型的开拓阶段，情景演化仿真的科学性和鲁棒性需要进一步的验证。

1.2.3 危机识别与转化研究

(1)危机识别研究

危机识别包括识别危机的时间、来源、类型、特征、过程、条件和损害程度等[90][91]。现有的识别算法大致可分为：模式识别算法、历史经验统计算法、遗传进化算法和神经网络算法，使用进化算法生成多目标优化问题的 Pareto 前沿非劣解。目前危险识别和情景定义的工具有 HAZOP[92]、PHA[93]、FMEA[94] 等。苏海军(2013)通过分析冲击动态条件的相关性、平滑性分析及传染显著性，内生识别出了危机传染存续的区间[95]。杨青、刘星星、陈瑞青等(2015)运用免疫系统相关理论，探索突发事件抗原的特质基因及其演化规律，以亲和度、风险识别器、抗原清除效果和能量演变四项要素作为风险识别的标准[96]。王爱民(2016)结合复杂网络统计描述的节点、有向边、节点度及聚类系数等相关指标，剖析了复杂项目的结构特点，运用 Pajek 软件研究失效节点的扩散，从而识别危机传染过程的关键活动[97]。王维国(2016)通过筛选出外汇储备、实际汇率变动、通货膨胀 36 个备选指标，以 2000 年 1 月—2015 年 3 月的月度数据为研究对象，运用 MSIH-VAR 模型，识别了金融风险指数的等级[98]。魏玲、郭新朋(2018)运用贝叶斯网络构建网络舆论结构图，然后将根节点和中间节点的概率进行三角模糊化处理，最后通过计算各影响因素的危险指数，识别网络舆论的危险等级[99]。周昕(2018)基于危机本体、主体、客体、媒体以及危机空间等要素，构建贝叶斯网络结构图，通过对数据的采集和测试，在节点层中诊断出概率最大的关键节点[100]。

(2)危机转化研究

“危”的本质后蕴藏着“机”，在识别出危机环境的变化后，要寻找新的突破点[101]。徐殿龙(2015)认为危机转化的一个重要任务是及时发现和把握危机中蕴藏的机遇，如何挖掘危机转化过程中“度”的转折点是问题的关键[102]。杨青、杨帆、刘星星(2015)提出了包含危机转化知识库构建、危机转化度效果评价、机会挖掘与路径优化的危机转化管理方式[103]。沈一兵(2015)研究发现社会风险以突发事件为载体、风险自然积聚以及人为管理不善，会导致事件规模、范围不断扩大，进而转化为公共危机[104]。宋玉臣(2021)指出突发事件是对系统的意外性冲击，影响系统风险的释放速度和范围，要及时找到常态与危机状态转化的阈值[105]。李策(2021)认为要将危机转化为产业发展的重要契机，通过扶持政策、科技转型升级和提升体验等方式来激发活力，促进旅游行业的复苏和振兴[106]。

(3)垃圾邻避危机识别与转化研究的总结

在研究主题方面，学界主要从管理学、金融学、政治学和复杂系统科学等视角，对企业发展的危机识别、金融风险防范与化解和公共危机事件的治理等问题开展了大量描述性的研究。整体上看，危机识别与转化研究相关的概念、理论尚处于“碎片化”阶段，垃圾邻避危机的识别和转化问题为后续研究留下了较大的开拓空间。在危机识别研究方法方面，学者们主要设计了单变量模型、多变量模型、逻辑回归模型、贝叶斯模型等方法对危机识别进行建模分析，在数学模型上陷入“工具困境”，需要加强多学科交叉的模型研究。对危机转化的方式和度量模型方面，目前学界的探索还处于摸索阶段，深化垃圾邻避危机识别与转化的研究亟须理论工具与研究方法的创新和突破。

1.2.4 文献述评

综上所述，国内外学者对垃圾邻避危机转化管理这一研究问题较为关注，取得了丰富的研究成果，为本书奠定了深厚、坚实的基础，但是垃圾邻避危机识别与转化管理的研究还处于摸索阶段，研究成果的不足主要表现在以下方面。

①现有研究缺乏系统性地剖析垃圾邻避危机的情景构建与演化规律。关于垃圾邻避危机的研究大多采用定性研究的方法，研究垃圾邻避危机的相关概念、影响因素、治理路径等层面，“情景-应

对”范式下垃圾邻避危机产生的内在要素与演化路径还缺乏系统、深入的研究。

②现有研究缺乏有效识别垃圾邻避危机的定量模型。传统的计量模型难以有效识别垃圾邻避危机的关键要素，将免疫复杂系统与垃圾邻避危机进行关联分析，借鉴免疫学相关算法识别垃圾邻避危机的研究有待进一步开拓。

③现有研究缺乏对垃圾邻避危机转化的量化研究。将“危机转化”思路方法应用于垃圾邻避问题的研究鲜见，对危机转化的方式和度量模型方面的探索还处于摸索阶段，缺乏有效实现垃圾邻避危机转化的定量模型。

本书将针对以上问题，通过思路创新和方法创新，努力构建垃圾邻避危机演化模型，在此基础上进一步建立垃圾邻避危机识别和转化的模型，以期通过创新驱动实现垃圾邻避危机有效转化。

1.3 研究内容与研究方法

1.3.1 研究内容

本书从垃圾邻避危机转化管理出发，基于多学科、多理论、多角度、多方法的综合集成，分析垃圾邻避危机情景演化网络，识别垃圾邻避危机关键节点，挖掘垃圾邻避危机转化的路径并评估转化效果，全书的研究主要分为以下几个部分。

第1章是绪论。分析本书选题的现实背景，阐释选题的目的与意义，对垃圾邻避危机、危机情景、危机识别与转化等国内外相关研究成果进行梳理，分析现有研究的不足，确定本书的研究方向。

第2章是垃圾邻避危机的相关概念与基本理论。阐释垃圾邻避危机及其相关术语的概念、特征，在此基础上，紧扣研究主题，深入论述协同治理、复杂系统、多目标优化、冲突转化等理论，并结合具体问题揭示这些理论的启示，为本书提供深厚的理论根基。

第 3 章是垃圾邻避危机的议题演进与经验探索。首先全面分析了垃圾邻避项目的现实问题，诠释建设垃圾处理项目的必要性、重要性和可行性。然后探讨了邻避问题的产生与趋势。最后列举国内垃圾邻避事件典型案例，全面了解事件概述、发展历程和反思总结。

第 4 章是基于复杂系统涌现性的垃圾邻避危机情景演化分析。利用扎根理论系统性归纳和总结垃圾邻避危机的动因，揭示垃圾邻避危机的情景演化规律和路径。然后运用动态贝叶斯网络模型的理论知识，构建垃圾邻避危机情景演化模型。最后以仙桃垃圾焚烧邻避危机为例，利用 Netica 直观地展示了情景演化网络的演化过程，仿真计算结果表明，计算结果符合事件演化的实际情况。基于动态贝叶斯网络的情景演化模型能有效处理垃圾邻避危机的不确定性和信息不完全问题，对垃圾邻避危机的应急管理研究有一定的参考价值。

第 5 章是基于免疫复杂系统的垃圾邻避危机识别。垃圾邻避危机识别是危机演化的延续，首先分析了基于免疫系统分析垃圾邻避危机识别的可行性，然后沿用情景构建的方法，将垃圾邻避危机识别问题建模为 0-1 背包问题，解决此问题的关键在于识别情景演化过程中，会导致垃圾邻避危机的所有“非己”抗原。运用概率语言熵构建垃圾邻避危机识别决策矩阵。最后根据改进的 NSGA-Ⅱ对垃圾邻避危机识别模型进行求解，识别出危机演化过程中的关键要素组合。

第 6 章是基于复杂系统整体性的垃圾邻避危机转化路径。挖掘垃圾邻避危机转化路径的内在逻辑，搭建垃圾邻避危机转化路径“功-名-利”空间模型，分析垃圾邻避危机治理的路径依赖与实现路径突破的目标与举措。运用基于复杂系统整体性的模糊集定性比较方法，根据前文扎根理论的编码结果，确定条件变量和结果变量，并采用均值锚点法对条件变量和结果变量进行赋值。最后通过 fsQCA3.0 软件对真值表进行数据分析，根据单个条件的必要性分析和条件组态充分性分析的结果，明确垃圾邻避危机转化路径的方向。

第7章是基于复杂系统仿真的垃圾邻避危机转化度模型。分别根据冲突转化理论及扎根理论编码结果，确定垃圾邻避危机的子系统及底层指标，进而建立垃圾邻避危机转化指标体系。然后基于G1-熵权分别确定底层指标的主客观权重，据此计算底层指标的综合权重。其次，确定垃圾邻避危机转化度评价模型，提出了基于改进向量空间模型的发展度，运用复杂系统模拟仿真筛选了最佳协调度，在此基础上确定了危机转化度的计算方式。最后通过案例分析验证评价指标体系及评价模型的科学合理性，并提出补齐垃圾邻避危机转化短板与弱项的关键要素。

第8章是垃圾邻避危机转化管理的对策建议。根据前文垃圾邻避危机情景演化、识别与转化的实证结果，挖掘实现垃圾邻避危机转化管理的具体措施。

第9章是全书总结与展望，总结全书的主要研究工作，阐述主要创新点，并对垃圾邻避危机识别与转化的后期研究进行展望。

1.3.2 研究方法

(1)文献研究法

通过检索、查阅、参考关于垃圾邻避危机转化管理相关的书籍、中外学术文献，包括“邻避危机”“危机识别”“危机转化”等内容。宏观上掌握研究的现状、趋势，取得的研究成果和待研究的问题，进而挖掘本书拟解决的科学问题、研究范式及实现方式。

(2)动态贝叶斯网络

动态贝叶斯网络是将统计学相关的思想、方法应用于复杂系统，通过对数据进行不确定性概率推理判断的一种有效方法。基于双向信息推理能力，对垃圾邻避危机情景演化网络中各情景要素之间的复杂关系和不确定性进行情景模拟，描述垃圾邻避危机情景演化复杂系统的状态空间、相关性和动态演化过程，为深度挖掘情景

要素的交互和聚合提供了强大的分析工具。

(3)带精英策略的快速非支配排序遗传算法

遗传算法是一种适用于复杂系统优化的搜索方法，采用在求解复杂系统多目标优化问题上，具备更强鲁棒性的带精英策略的快速非支配排序遗传算法(NSGA-Ⅱ算法)。该算法相较传统数学模型而言，对复杂系统优化求解问题进行了简化，且它不依赖于问题的具体领域，对问题的求解种类有很强的适用性。本书将垃圾邻避危机识别视作一个系统，并对系统的要素进行综合分析，借鉴生物免疫系统的思想，总结出两个系统之间的关联映射关系，然后根据生物免疫识别机制，设计了求解复杂系统多目标优化问题的应用框架，获取垃圾邻避危机识别模型的 Pareto 最优解。

(4)模糊集定性比较分析法

基于复杂系统整体性视角的模糊集定性比较分析方法认为案例是原因条件组成的整体，垃圾邻避危机转化路径是一类非确定性、模糊性问题，可通过隶属度相关思想，量化相关指标，得出问题的科学评价，便于为决策者提供直观、可靠的决策依据。

(5)复杂系统建模仿真法

建模仿真是一种可以高效解决现实中需要花费大量的时间、精力及物资才能全面了解事物演化的有效方法，利用计算机编程，调整相关参数，模拟事件受相关变量的影响程度，并可通过实际研究问题验证模型的可靠性和鲁棒性。

(6)案例分析法

通过对搜集到的案例进行深入研究，挖掘案例文本中的数据信息，通过数据的输入和模型的运算，得出垃圾邻避危机转化的最优路径，并对有效实现垃圾邻避危机转化提出针对性的建议。

本书的研究思路可以概括为：以垃圾邻避危机情景演化网络为导向，借鉴免疫复杂系统相关理论，建立垃圾邻避危机的识别模型，基于此，进一步构建垃圾邻避危机转化评价指标体系，根据评价模型计算危机转化度。本书拟采取的技术路线如图 1-1 所示。

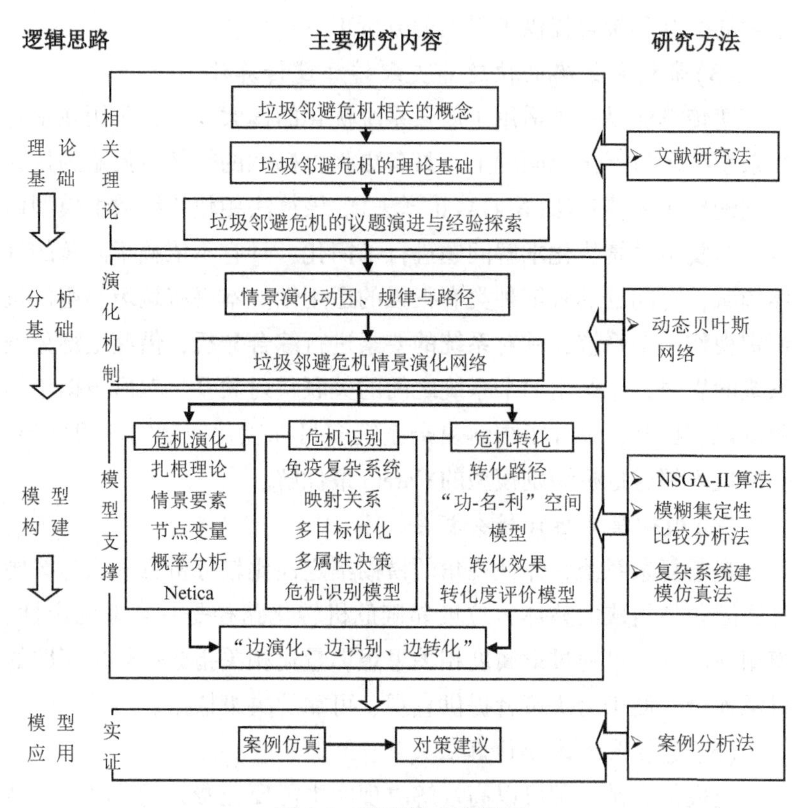
逻辑思路
主要研究内容
研究方法
理论基础
相关理论
垃圾邻避危机相关的概念
垃圾邻避危机的理论基础
垃圾邻避危机的议题演进与经验探索
文献研究法
分析基础
演化机制
情景演化动因、规律与路径
垃圾邻避危机情景演化网络
动态贝叶斯网络
模型构建
模型支撑
危机演化
扎根理论
情景要素
节点变量
概率分析
Netica
危机识别
免疫复杂系统
映射关系
多目标优化
多属性决策
危机识别模型
危机转化
转化路径
“功-名-利”空间模型
转化效果
转化度评价模型
“边演化、边识别、边转化”
NSGA-II 算法
模糊集定性比较分析法
复杂系统建模仿真法
模型应用
实证
案例仿真
对策建议
案例分析法

图 1-1 研究技术路线图

第2章　相关概念和理论基础

2.1　垃圾邻避危机相关的概念

2.1.1　危机的概念

“每一次危机既包含失败的根源，又孕育着成功的种子”[107]，危机是“危”和“机”的辩证组合，“危”一是态势危险，如“危如累卵”；二是情况危急，如“栗栗危惧”；三是后果有危害性，如“与其危身以速罪也”。“机”一是先机，要把握细微的征兆；二是指机会，要掌握有利的形势；三是契机，要抓住转化的关键。就一般意义而言，危机是难以预期和控制的紧急事件的转折点，会导致系统出现失控、混乱、无序等状态，是好坏结果和新旧范式的过渡阶段和决定性时刻[108]。

西汉史学家司马相如在《上书谏猎》劝谏：“盖明者远见于未萌，而知者避危于无形，祸固多藏于隐微而发于人之所忽者也。”从系统论的角度来讲，危机是指社会系统偏离正常轨道，导致其功能发挥和结构运转趋于崩溃，对系统基本价值和行为准则产生直接或间接的威胁，必须发挥主观能动性做出相应决策的事件[109][110]。

2.1.2　邻避设施的概念

学者们从不同的角度对邻避设施进行界定，较为一致的观点认为邻避设施是为社会提供公共服务的同时，给周边民众的身体健康、生态环境带来威胁，造成民众心里不适和资产贬值，导致周边民众期望远离的设施[111][112][113]。

邻避设施的特征主要表现在：①负外部性。邻避设施能够满足社会整体的公共需求，促进区域社会经济的发展，但是会给周边民众带来环境污染、健康威胁、投资减少等不良影响。②非均衡性。邻避设施给区域内众多居民提供了必需的公共服务，但是剥夺周边民众的基本权利，侵害了其部分利益，造成成本-收益不均的现象。③厌恶性。民众根据自身主观风险的建构，对邻避设施具有排斥与厌恶的情绪，对邻避设施的接受程度较低，期望该类设施离自己的住所越远越好。因此，在无法完全消除负面环境影响的情况下，邻避设施一般建设在行政辖区边缘。

邻避设施接受度与周边民众感知的风险与收益有关，如图 2-1 邻避设施风险-收益曲线所示，当邻避设施选址在 M 点时，风险和收益达到均衡点 N；当邻避设施距离在 OM 之间时，民众感知的风险大于收益，对邻避设施的接受程度较低；当邻避设施距离远于 M 点时，民众感知到的收益大于风险，接受邻避设施的建设。

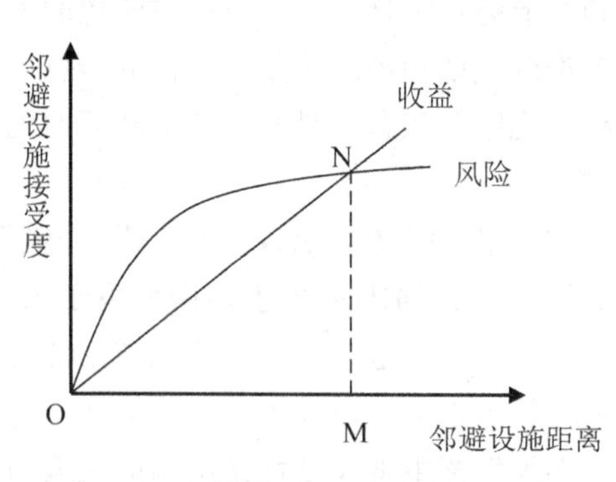

图 2-1　邻避设施风险-收益曲线

2.1.3 邻避冲突的概念

学界普遍认为邻避冲突与邻避设施的建设密切相关，政府、企业、居民及专家等主体对邻避设施的建设有不同的目标、利益、认知和期望，由此产生的利益冲突导致民众采取激进、强烈的抗争手段维护自身权益，其抗争行为包含理性的正义和非理性的冲动两个层面，一旦治理失效，将会对社会公共秩序造成恶劣的影响。因此需要政府采取全过程的动态管理，通过有效的沟通实现社会整体效益的增加[114][115][116]。

邻避冲突的特征表现在：①多主体参与，包括当地政府、邻避设施周边居民和邻避设施建设、运营企业等直接利益相关者，以及权威专家、主流媒体和社会非正式组织等间接利益相关者，持相同态度和观点的利益相关者组成联盟开展动员活动。②多阶段演化，大多邻避冲突经历由部分民众理性诉求到群体非理性的抗争阶段，抗争的方式、强度随着冲突导致的规模、范围而动态改变。③多因并发，利益主体关于邻避设施建设的必要性、选址距离、风险和利益之间的感知偏差，以及邻避设施周边居民在当地政府邻避治理过程中产生的误解、不满，在主流媒体报道频率和范围的催化作用下，不断升级、放大、发酵，最终导致了邻避冲突的爆发。④多元差异，利益诉求和风险感知差异来源于参与主体的差异，区域经济发展、社会公平、文化背景、历史要素，民众权利意识、心理特点、职业、收入及受教育程度等都会在邻避冲突演化过程中发挥重要的作用。

邻避冲突的本质来源于邻避设施导致的公共利益与周边民众个人利益的失衡。如图 2-2 所示，当民众感知到邻避设施建设带来的个人利益大于公共利益时，不会产生邻避情结，因此不会爆发邻避冲突。当民众感知邻避设施的建设是公共利益大于个人利益时，会产生不公平感和剥夺感，因此会通过一定的渠道表达自身的权益，邻避冲突的强度根据其诉求满足度分为低冲突和高冲突。

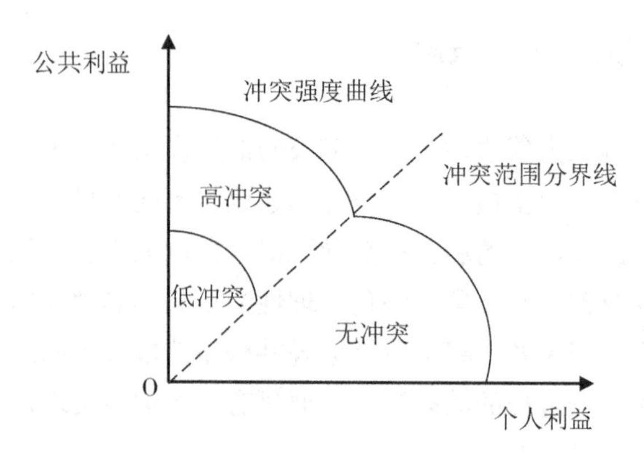

图 2-2　邻避冲突强度-范围图

2.2　垃圾邻避危机的概念及特征

2.2.1　垃圾邻避危机的概念

从社会学的视角分析，邻避危机是城市化发展不可避免的现象。邻避危机是由垃圾邻避设施在规划、选址、建设及运营等阶段因民众反对引起的群体事件，是利益主体风险感知差异在时空、形态和特性上不断演化的结果[117]。

从经济学的视角分析，邻避危机是成本收益非均衡的结果。邻避危机是由于民众担心健康、环境和资产受到不利影响后产生的反对行为[118]。

从管理学的视角分析，邻避危机是政府危机治理能力不足的表现。邻避危机频发的原因在于转型期地方治理体系和能力的不足，地方政府在解决邻避危机时充满不确定性[119]。

从心理学的视角分析，邻避危机是民众风险感知差异的结果。邻避危机事件发生的重要原因是民众基于自身的知识和经验，主观构建风险认知，实际上对邻避设施的危害程度并不清楚，更多的是心理方面的因素[120]。尤其在没有或极少补偿措施之下，邻避情结进一步被放大，邻避危机不可避免地发生[121]。

从人性假设的视角分析，邻避危机是经济理性人需求未得到满足的结果。不同特点的人性假设是引起邻避危机的重要因素，正是个人需求未能得到满足才进一步激化邻避危机[122]。

综上，本书定义垃圾邻避危机是由垃圾邻避设施项目的选址和建设问题引起周边民众抗争的社会群体性事件，在民众成本-收益诉求未得到满足，政府危机治理能力不足的情况下，导致社会公共秩序和区域经济发展偏离正常轨道的紧急、危险的状态。

2.2.2 垃圾邻避危机的特征

参考上节学者们对垃圾邻避危机相关概念及内涵的阐释，可以总结出由垃圾邻避设施的选址和建设所引发的垃圾邻避危机具有危害性、涌现性、整体性、公共性、不确定性、易变性和周期性等特征。

(1)危害性

危机对社会公共秩序的有序发展具有威胁性，需要在危机的潜伏期开始就引起足够的重视，通过一系列的危机干预手段和方式，以期最大限度地减少危机导致的危害性。通过对危机发展的态势予以引导，防止危害的范围和程度进一步扩大，导致社会稳定运行和行为准则遭到破坏。

(2)涌现性

垃圾邻避危机引发的群体性事件生成速度快，参与者虽说各自诉求复杂，但是行为大多一致，在其发展的过程中往往产生多米诺骨牌效应和涟漪效应，易引发项目周边居民集体认同，并通过聚众来表达自身不满。事件通过网络发酵形成巨大舆论压力，通过互联网动员、策划群体性事件。

(3)整体性

垃圾邻避危机是一个多因素作用、多层次累积、多形态叠加的整体性组合效应，呈现出多阶段、多主体、多维度、多属性、多路径的复杂特征，需要将危机管理各部分活动当作有机的整体，通过整体性的协调，寻求最优或最满意的解决方案。

(4) 公共性

垃圾邻避危机本身的含义中就强调了其发生和影响在公共领域的危机，其公共性是毋庸置疑的。具体而言，垃圾邻避危机会给社会大部分人提供公共服务，其治理过程中涉及公众权利的满足、公众话语权的保障以及公共利益的权衡。

(5) 不确定性

垃圾邻避危机爆发的缘由、事件、地点和发展态势等都是难以事先确定的，从近几年生活垃圾焚烧发电项目发生“邻避”危机的发展阶段看，政府公开项目选址、建设信息的数日内是邻避危机爆发的集中阶段，但过了信息公示期后，邻避危机何时、何地爆发，往往难以确定，也难以预测危机的后果。且政府在治理邻避危机的过程中，由于邻避危机涉及周边民众、项目承建企业、社会组织、媒体等多个参与主体，其本身性质的复杂化使得邻避危机的演化过程具有极高的不确定性。

(6) 易变性

当垃圾邻避危机治理措施在实际中难以有效应对当前情况，民众的风险感知和意识观念转移时，危机的演化方向就会改变预期路径。因此需要实时关注政策实施的效果，增强判断危机的敏锐性，及时掌握垃圾邻避危机发展的态势，积极调整治理政策的针对性和有效性。

(7) 周期性

危机从发生到消失经历四个发展阶段[123]。垃圾邻避危机情景演化过程中，在潜伏期，危机是征兆不明显的隐形阶段，多种潜在诱因正在快速积聚。在爆发期，关于危机事态发展的消息以及关注的人群爆发式增长，此时的关键是有效地控制危机信息的传播，使其进入稳定状态。持续期，政府采取的相关措施并不能满足民众的诉求，民众积聚力量与政府进行对抗，对政府持续施压。在解决期，政府通过解释、承诺和宣传教育等一系列努力，化解民众的邻

避情绪，就垃圾邻避设施的相关问题达成共识，事件逐渐平息。

2.2.3　垃圾邻避危机的原因

近年来，垃圾焚烧处置因其环保、节能、外部经济等特性，在我国取得了长足的发展，并促进了垃圾无害化、减量化、资源化处理进程。然而，由于垃圾焚烧项目的一系列负外部效应，容易引发邻避危机，制约了我国垃圾焚烧处置行业的良性发展。造成垃圾焚烧项目邻避危机的原因如下。

(1)直接经济损失问题

一是垃圾焚烧设施会影响住宅舒适性，可能引发一轮房屋抛售潮，导致房地产贬值或缩水。在湖北仙桃邻避事件中，不少抗议者就提出垃圾焚烧厂的修建可能导致资产损失、房价下跌。二是新建垃圾焚烧厂有可能改变选址周围土地的使用性质，甚至造成失地和失业风险。如武汉汉阳仙山村地块地段优越，极具发展潜力，但由于受到锅顶山垃圾焚烧厂的负面影响，周围商业发展进展缓慢。

(2)潜在环境风险问题

随着环保意识的觉醒，民众对自身的环境权益越来越重视。垃圾焚烧厂因规划缺乏前瞻性，选址离居民区较近，垃圾焚烧产生的二噁英、渗滤液和飞灰等对周边的空气、水源、土壤造成污染，恶化民众的生存环境。如锅顶山垃圾焚烧厂周边是人口密集地和重要水源地，800米内有两所幼儿园一所小学，及多个大型居住区，常住人口3万多。汉口北垃圾焚烧发电厂位于盘龙城的中心地带，与道贯河、盘龙湖等多个湿地湖泊相邻。两处垃圾焚烧厂周边的民众因不堪忍受刺鼻异味而搬离当地。

(3)主观情感伤害问题

民众缺失对政府信任感。垃圾焚烧项目的规划通常由政府主导并邀请企业和相关专家参与，决策结果总体上体现的是政府所代表的公共利益、企业所代表的商业利益以及专家的专业判断，没有把重心放在利益受损主体身上，民众的意见得不到重视、采纳。如湖北仙桃垃圾焚烧厂从选址、招标到建设已超过两年，政府在不被大众熟知的网站上公示，工厂在建设施工中也未打标语，民众认为市政府刻意隐瞒垃圾焚烧厂建设。

2.3　垃圾邻避危机治理的理论基础

2.3.1　协同治理理论

协同是从系统的角度认知事物发展的复杂性、动态性和多样性，强调各子系统和要素之间的相互影响和相互作用，在时空上形成组织结构，从而由无序走向有序的过程。协同治理理论强调政府、企业、民众等多方主体能够公开信息、平等对话、理性交流，解决利益冲突问题、达成利益共识，促进公共政策的优化和政策效能的实现。社会治理是多元主体共同参与的，通过坚持和完善共建共治共享的社会制度，来规范和维持社会秩序，预防和化解社会矛盾，维护社会稳定的活动。转型时期，如若将协同治理理论与中国社会治理实践中的问题进行本土化、有效化对接，这对于解决国家治理现代化背景下的社会治理问题具有重要指导意义。

协同治理理论关注的是解决复杂问题，核心理念是系统主体间的互动合作，这为有效治理垃圾邻避危机提供了新思路。从全主体的角度而言，垃圾邻避危机的爆发包含了政府、企业、民众等利益相关者，政府是邻避设施建设的组织者和推动者，需要通过信息公开和协商对话，兼顾实现目标和程序正义。企业是邻避设施建设的运营主体，需要通过技术环保和接受监督，兼顾实现经济效益和社会责任。民众是邻避设施建设的反对者，需要通过利益诉求和理解信任，兼顾个人利益和集体利益的平衡。从全过程的角度而言，邻避设施项目从策划、评估、决策、施工到生产等全过程中，需要政府管理部门、项目承建方全过程的信息分享和服务，以及保障民众的知情权和监督权。从全效益的角度而言，政府发挥主体作用，通过充分沟通和协商合作，平衡企业和民众等主体的利益，共同促进

邻避设施的顺利建设，改善区域整体经济、社会和环境效益。因此，运用协同治理理论指导垃圾邻避危机治理实践是高度契合的，垃圾邻避危机协同治理思路如图 2-3 所示。

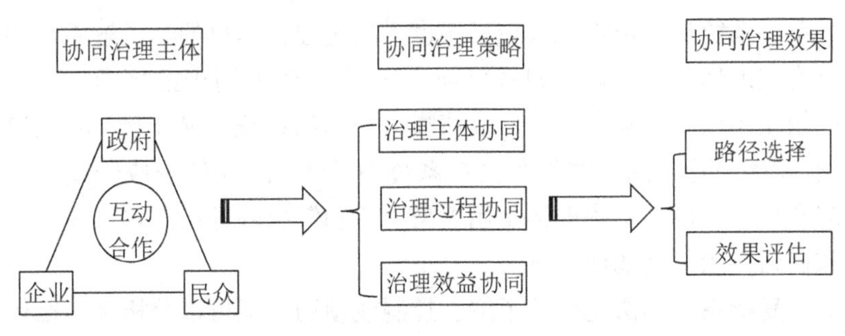

图 2-3 垃圾邻避危机协同治理思路

2.3.2 复杂系统理论

西方关于复杂系统的研究产生具有代表性的派别：其一是以美国圣塔菲研究所为代表的复杂自适应系统理论，其研究成果阐释了复杂系统中规模报酬递增、混沌分型等相关基本概念，专注于研究复杂系统的演化机理及动力，探寻通过复杂度、复杂适应理论和复杂思维等元理论，解决系统的复杂性；其二是以欧洲普里高津和哈肯为代表的远离平衡态的自组织理论，他们致力于通过某些内在联系，揭示出某些生命系统和非生命系统在组成单元和运行机理方面的共同特点[124]。

Gates E F 从“系统思维”和“复杂性科学”两个角度，描述基于哲学和数学思想的复杂系统[125]。系统思维基于系统结构，采用跨学科的方法、理论和概念，从不同利益相关者的角度，研究复杂现象的广泛影响和因果关系，以便他们能够采取行动改善问题[126]。复杂性科学通常以动态系统为主要分析单位，使用计算机模拟来定义和建模系统，这些模型的目的不是精确地复制“真实世界”，而是创建一个有用的“抽象世界”，以评估其潜在的变化以及驱动这些变化的运行机制，得出系统如何随时间变化的结论。

目前在复杂系统中使用的方法包括系统映射[127]、网络分析[128]、系统建模[129]和系统框架[130]。系统映射研究的是系统边界及其相互关联部分。网络分析关注与系统相关的个人或组织之间的关系。系统建模仿真是模拟真实世界的过程，其目的是了解系统的行为或评估各种策略。如系统动力学(SD)建模用于挖掘影响因素的相互作用，对复杂现象形成清晰、全面的认识。基于Agent的模型(ABMs)通常用于假设和模拟系统中的Agent如何响应干预的反应和交互作用。系统框架是用框架思考和解决问题试图将系统理论和概念应用于其他评估方法。

复杂系统无法完全被了解、控制或预测，但可以分析是什么使系统以某种方式运行，以及如何将其转向更理想的行为模式。系统中的复杂性是指系统各组成部分、变量、因素和参数之间的复杂相互关系，这种复杂性预计会影响系统运行[131]。20世纪90年代，在复杂性科学研究的基础上，钱学森院士提出了处理复杂系统的方法论——"综合集成方法"[132]，该方法论在具体应用中可拓展出一套方法体系。

垃圾邻避危机是融合了社会子系统、经济子系统和公共安全子系统等多目标、多主体、多需求的危机管理系统，垃圾邻避危机情景演化、识别和转化的各个阶段的状态是随机和不确定的，状态之间的变化会引起"多米诺骨牌"的耦合效应，具有多主体、多层次和多目标的特征。因此，需要运用复杂系统的理论体系和方法论，采取开放性的思路，对整个系统进行多角度、多渠道、多方位的全局性系统思考，综合集成专家的智慧、成果、经验、能力和知识，基于人机结合决策模式，从整体上分析并求解垃圾邻避危机演化、识别和转化的关键问题，为垃圾邻避危机决策者提供系统、智能化的决策支持。

2.3.3　多目标优化理论

多目标优化(Multi-objective-programming，简称MOP)是在一定

约束条件下求解线性或非线性函数。在这个过程中，需要对各个子目标进行折中处理，如在生产中，产品质量最优、生产效率最高和生产成本最低是三个相互冲突的目标，难以实现每个子目标均最优，只能寻求所有目标整体相对最优，因此，多目标优化问题在一般情况下，没有绝对、唯一的最优解。法国经济学家 Pareto 首次提出多目标优化问题的 Pareto 最优解，是在可行的向量空间中不存在严格好于该点的一种解的形式[133]。

多目标优化问题可以认为是一个特殊的单目标优化问题，特殊性体现在决策者的决策变量空间不完全在一个序列上。当把多目标优化问题看成一个向量优化问题时，单目标优化问题中的决策者需将决策的变量向量转化为一维，因此可在决策变量空间中进行比较。目前，多目标优化思想在碳排放[134][135]、生产调度[136][137][138]、路径优化[139][140][141]等具有复杂关系的研究问题被用于创新求解过程。

多目标优化模型包括：①效用最优化法，即通过效用函数将多目标转化为单目标。②理想点法，即通过计算目标函数的状态值与满意期望值的差来确定最优解。③分层序列法，即按照目标值的重要程度进行逐次、反复比较寻求最优解。④目标规划法，即根据偏差变量和权系数进行优化求解。⑤生物启发式算法，即根据生物系统进化机制，利用计算机仿真算法求解复杂优化问题的模型，主要包括遗传算法[142][143]、蚁群算法[144][145]、粒子群算法[146][147]等，生物启发式算法遵循“优胜劣汰”的规律，通过全局搜索不断选择优势个体进入下一代，通过交叉和变异两个关键步骤得到多样性和收敛性较好的种群。生物启发式算法求解多目标问题的过程如图 2-4 所示。

由于垃圾邻避危机管理的复杂性，决策者需要同时决策多个目标，并在多个目标之间进行权衡。例如设施选址、区域经济发展、社会稳定、社会整体利益、民众个人利益、设施风险等多个方面的目标。总的来说，垃圾邻避危机多目标问题具有如下的特征：一是决策问题的目标不止一个，且各目标之间存在矛盾。二是决策问题的目标之间难以统一度量。三是决策问题的解是一个集合。

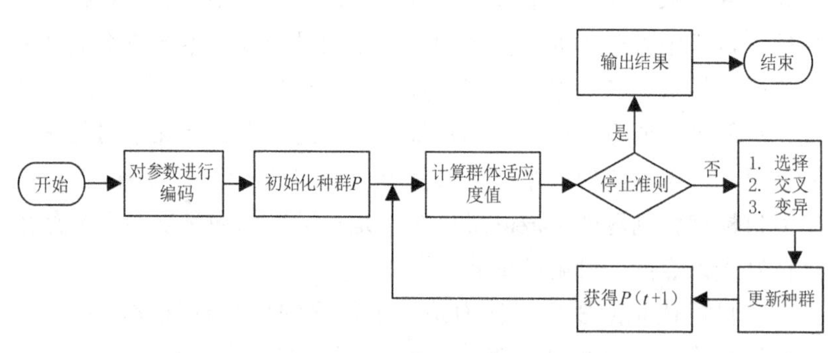

图 2-4 生物启发式算法流程图

2.3.4 冲突转化理论

科多拉·莱曼(Cordula Reimann)详细阐释了冲突处置、冲突化解和冲突转化的区别与联系[148]。

①冲突处置为基本应对机制。冲突处置是以制止冲突为目标,在最短的时间内使冲突得到制止和控制,暴力行为被镇压和惩罚,事态被及时控制,防止冲突升级,社会公共秩序恢复正常。

②冲突化解为深入解决机制。冲突化解以消除误解为目标,通过加强双方平等沟通,促进相互理解,建立信任关系,纠正认知偏差,达成共识,共同寻求多方都能接受的解决方案。

③冲突转化为完全消除机制。冲突转化以转危为机为目标,决策者变革行为和方式,促进公众参与政策制度的修改、完善和补充,解决利益分配不公,由相互冲突转化为有序合作。

“冲突转化全球联盟”(Global Coalition for Conflict Conversion)是“转化冲突”组织建立的,用于全球学界、社会组织、政府等共同交流冲突应对方案的平台[149]。“转化冲突”组织认为冲突是社会发展中不可避免的有机部分,是促进社会变革的建设性力量,冲突转化是一个具有周期性、不均衡性、动态性和复杂性的过程,需要从各层次、多方位、多维度,关注行动者、情境、事项、规则和结构,在冲突演化的各阶段采用非暴力的转化方式,持续调整、控制

和管理冲突，实现特定事件根源性转化的技术路径和思维模式。

国外学者呼吁对影响冲突转化的突发事件进行更多的研究。如基于一种新的依赖关系和冲突解决方法，考虑四种不同的冲突概念：冲突规则对、冲突转换对、初始冲突和关键对，基于粒度和图形变换理论，重点研究删除、使用元素来转化冲突[150]。多团队系统(MTS)提供了多种跨层次的动力，为探索冲突转化提供了潜在的机会。不同类型的冲突在一定的边界条件和作用机制下可以相互转化[151]。如可通过情绪调节将任务冲突转化为关系冲突[152]。民众通过非理性抗争，将社会冲突转化为政治冲突[153]，决策者通过变革行为和方式，将冲突转"危"为"机"[154]。

垃圾邻避危机具有持续性、非线性和脆弱性，社会情境不稳定的情况下不便于进行线性化和统计处理。因此，要突破传统危机经验式治理的范式，挖掘危险中蕴藏的机会。冲突转化理论所提出的主动防御和反馈调整适用于垃圾邻避危机的复杂情景，当危机主体、情境、演化特点等原因导致暴力冲突时，通过采取冲突转化的策略和方法来实现危机转化。

本章小结

本章对垃圾邻避危机相关概念和理论基础进行了系统阐述。界定了垃圾邻避危机及其相关术语的基本概念、本质及特征。在此基础上，紧扣研究主题，深入论述协同治理、复杂系统、多目标优化、冲突转化等理论，并结合研究问题，梳理这些理论对本书的启示，为本书奠定深厚的理论根基。

第3章　垃圾邻避危机的议题演进与经验探索

3.1　垃圾邻避项目的现实问题

3.1.1　建设垃圾处理项目的必要性

(1)城市化进程导致垃圾产生量呈增长趋势

随着我国国民经济的快速发展、城镇化步伐的加快以及城市居住人口的不断增长，部分城市出现了“垃圾围城”的窘迫现象。而造成这一现象的源头正是由于居民日常生产生活所产生的垃圾没有得到有效的解决，对居民的生活环境和身体健康产生了负面影响。

我国生活垃圾产生量在近年来总体上不断上升。数据显示，2021年我国城市生活垃圾清运量增至24869.2万吨，2022年与2018年相比更是大幅度增长。截至2022年，全国城市生活垃圾清运量已超2.4亿吨，其中无害化垃圾处理量已超2.4亿吨，无害化处理率达99.9%。2018—2022年全国城市生活垃圾清运及无害化处理数据见表3-1。

表 3-1 2018—2022 年全国城市生活垃圾清运及无害化处理

年份	全国城市生活垃圾清运量(万吨)	无害化处理量(万吨)	无害化处理率
2018	22801.8	22565.4	99.0%
2019	24206.2	24012.8	99.2%
2020	23512.0	23452.3	99.7%
2021	24869.2	24839.3	99.9%
2022	24444.7	24419.3	99.9%

由表 3-1 可知，虽然我国城市生活垃圾无害化处理率已经很高，但将垃圾细分到各个地区以及行业，仍是一个庞大的数量。未经处理的垃圾量按照计算，也存在每年约 3000 万吨未经处理。根据《国家新型城镇化规划》显示，四年后我国城镇化率将达到 60%，假设那时人口与现在基数相同，那么产生的垃圾将超过 1.95 亿吨，在过去的数年里，每年垃圾产出量的增长率稳定保持在 10%。因此，在全国城市生活垃圾产生量不断增加的背景下，生活垃圾处理项目的建设是城市公共服务的必需品。

(2)垃圾填埋和堆肥处理方式

在垃圾处理上主要以填埋、焚烧以及堆肥三种方式为主，其他垃圾处理方式仍然在此基础上发展。

传统的垃圾填埋场存在较多安全风险。因其是一般由垃圾堆直接发展起来的。垃圾堆一般不会考虑选址的问题，所以填埋场选址不合理，那么在建设过程中可能因周边情况的复杂，导致各种排污系统存在安全隐患，加剧了周边居民产生邻避效应的可能。

我国大部分填埋场存在管理不规范等诸多问题。在很多环节松懈，降低要求，比如接纳不合规的垃圾，不做垃圾分类就填埋。另外填埋场中垃圾会产生填埋气体，主要成分均为易于引起爆炸和空气污染、温室效应的二氧化碳、甲烷等成分，更会释放大量的恶臭气体，含有多种有毒成分，严重污染周边大气，影响居民生活。如若缺乏完善的防渗措施及导气系统，很有可能导致周边环境污染及燃烧、爆炸等安全隐患的发生。再者，垃圾填埋过程中产生的垃圾渗滤液处理难度大，更加容易污染周边的地下水和土壤，对附近居民身体健康造成威胁，破坏生态环境。

传统填埋场已无法有效处理现有的垃圾量。现有卫生填埋场，几乎都是满负荷运转，已有的填埋场不够，又无法轻易重建。垃圾成分复杂，含有许多宝贵资源，如塑料、金属、纸、木制品等。传统的填埋方式会导致这些资源未得到有效利用，造成资源浪费。填埋方式需要占用大量的土地资源，特别是在土地资源日益紧张的情况下，填埋显然已经不是好的垃圾处理办法。

填埋处理已经从传统的方式，发展到现在的卫生填埋，目前已有滤沥循环填埋、压缩垃圾填埋、破碎垃圾填埋等多种方式。而堆肥处理，也有研究者将其通过研究生物强化改进，可有效解决耕地超负荷种植和有机质持续下降的问题，用于土壤修复与质量提升。

(3)垃圾焚烧处理方式

国外垃圾焚烧技术的发展历程大致是三个阶段，萌芽阶段、发展阶段和成熟阶段。一开始，生活垃圾处理的焚烧炉在英国和美国建立，在法国和德国开始建设生活垃圾焚烧厂，垃圾焚烧技术开始萌芽。后续，西方国家填埋厂的饱和，垃圾焚烧以其减量的优势又一次得到发展。近半个世纪以来，烟气技术进步，各种设备发展，垃圾焚烧技术也日渐成熟。

国内焚烧技术的发展历程也大致为萌芽、发展两个阶段。1929年上海租界曾派人赴欧洲考察垃圾焚烧处理技术，1930年在上海的槟榔路(现安远路)和茂海路(现海门路)各建设了一座生活垃圾焚烧处理厂，后续由于生活垃圾可燃物比例较低含水量高，焚烧困难运行费用高等缺点而停运。

1985年，我国第一代现代化城市生活垃圾焚烧发电厂开始在深圳市建设，1988年一期工程投产，采用从日本三菱重工引进的两台150吨/日马丁垃圾焚烧设备和一台500千瓦发电机组。二期工程于1996年投产，增建了一台150吨/日马丁垃圾焚烧设备和一台3000千瓦发电机组。我国现代垃圾焚烧处理技术开始发展。

生活垃圾处理是城市管理中不可或缺的一环，焚烧处理凭借其

高效、环保的特性，在日常化垃圾处理方式中占据比例较大，逐渐成为生活垃圾处理的主要方式之一。而卫生填埋由于存在种种卫生问题，处理占比逐年呈下降趋势，焚烧处理在无害化处理中的占比由 2010 年的 47.59%，到 2022 年已增加到超过 70%。尽管相较其他处理方式，焚烧处理的起步相对较晚，但其在近年来的发展势头却异常迅猛，实现了跨越式的进步。

目前，垃圾处理的方式发展已经基于传统的填埋、焚烧和堆肥发展为利用不同的技术和方法改进、完善以及创新处理方式。大多在垃圾的减容、减量、资源化、能源化及无害化处理等方面呈现多样性发展。2018—2022 年全国生活垃圾无害化处理量如表 3-2 所示。

表 3-2 2018—2022 年全国生活垃圾无害化处理量

年份	卫生填埋处理量（万吨）	焚烧处理量（万吨）	其他处理方式（万吨）
2018	11706.0	10184.9	675.2
2019	10948.0	12174.2	944.7
2020	7771.5	14607.6	1073.2
2021	5208.5	18019.7	1611.14
2022	3043.2	19502.1	1874.02

由表 3-2 可知，2018—2022 年，在生活垃圾总量增长的情况下，卫生填埋处理量在逐渐降低，从 2018 年的 11706 万吨减少到 2022 年的 3043.2 万吨。传统填埋方式的降解能力较差，垃圾分解速度慢，并不能在短时间内实现无害化处理，因此卫生填埋处理的方式所占比重逐渐减低。

城镇化加快宣告垃圾焚烧产业进入发展的快车道，推进垃圾分类、提高资源回收利用率、发展垃圾焚烧发电等技术，都是当前垃圾处理项目需求增长的体现。在这种局面下，当前，人类生产的垃圾量日益增多，垃圾填埋场的处理能力已无法承受，堆肥的处理效率较低，有限的土地面积难以满足目前大量垃圾亟待清理的需求。垃圾焚烧技术在无害化、高效化处理垃圾的同时，也可以将垃圾能源转化为可再利用的电能，实现垃圾资源化，这对未来社会的发展具有重要意义。所以推动垃圾焚烧项目是当前社会的现实需要，需要更多高效、环保的垃圾处理项目来应对这一挑战。

3.1.2　建设垃圾处理项目的重要性

(1)推动城市绿色低碳发展

我国面临着劳动力成本不断攀升和资源环境约束日益加剧的双重挑战，传统的粗放型发展方式已难以为继，其局限性越发凸显，经济循环不畅的问题亟待解决。因此，我们必须坚定不移贯彻新发展理念，确保全面、准确、深入地理解并践行。在此过程中，我们必须坚持质量第一、效益优先的原则，推动经济发展方式从速度型向质量效益型转变，以确保我国的经济发展更具可持续性和竞争力。

2020年9月22日，气候变化挑战依然紧迫的当下，中国表示将继续增强国家自主贡献的能力，将采取更加坚决有力的气候政策举措，确保二氧化碳的排放量在2030年之前达到顶峰，并争取在2060年之前实现碳中和的目标。这一承诺不仅彰显了我国应对气候变化的坚定决心，也体现了我们对全球环境责任的积极担当。

国务院印发的《2030年前碳达峰行动方案》中提出，积极推进生活废弃物焚烧的解决方案，降低传统垃圾处理方式的比例。2022年国家发展改革委联合住房和城乡建设部、生态环境部、财政部以及中国人民银行五个国家部门提出了《关于加强县级地区生活垃圾焚烧处理设施建设的指导意见》，其中也明确了加强各地方县级垃圾处理设施的任务方案，提出加快提升焚烧处理设施能力，充分发掘并发挥现有存量焚烧处理设施的最大潜能，积极推进规模化生活垃圾焚烧处理设施的建设步伐，此举不仅突出了垃圾焚烧发电的重要地位，更是对其深远意义的进一步认可与强化。

近年来我国加大了对环保产业的支持力度，这有助于推动垃圾

焚烧发电等环保产业的发展。国务院办公厅在《关于加快建立健全绿色低碳循环发展经济体系的指导意见》中明确要推进城乡综合生活垃圾处理系统建设，促进生活垃圾发电，减少生活废弃物填埋处置。这一政策的出台，为垃圾焚烧发电产业的发展提供了有力保障。垃圾发电有两个方面明显高于燃料发电：第一，它可以有效取代燃料发电，降低二氧化碳的排放量；其次，在垃圾处理流程中，利用垃圾焚烧发电技术可以减少因填埋而形成的甲烷、二氧化碳等温室气体，从而为温控效果的达成带来了强力保障。垃圾焚烧发电作为一种创新技术，为当前新型电力系统的构建与完善发挥了不可或缺的作用。

垃圾焚烧发电促进新型电力系统安全发展。通过实施高效的废弃物处理与能量转换技术，垃圾焚烧发电能够为电力系统提供关键的能源补充，这不仅有助于加快新型清洁能源的替代进程，还能在一定程度上超越能源资源自然条件的限制，降低对传统能源的依赖度，为新型电力系统提供稳定、持续的电力输出，从而构建安全高效的新型电力系统。

垃圾焚烧发电推动新型电力系统低碳建设。垃圾焚烧发电技术既能够保障能源供应，又能够降低碳排放，通过高温焚烧，垃圾中的有害物质得到彻底销毁，减少了环境污染。同时，在有效缓解“垃圾围城”的环境压力的同时，将垃圾中的化学能转化为清洁电能，完美契合新型电力系统绿色低碳的发展需求。

垃圾焚烧发电降低新型电力系统成本。垃圾焚烧发电项目通过优化垃圾处理流程、提高处理能力和效率，以及采用自动化设备和先进技术，减少了人工操作和能源消耗，从而降低了运营成本。垃圾焚烧发电不仅具有环保和资源利用方面的优势，在带动就业、改善投资环境等方面还具有显著的经济效益。通过焚烧垃圾发电，可以节约煤炭等化石能源，降低能源成本。同时，垃圾焚烧发电还可以产生炉渣等副产品，这些副产品可以作为建筑材料等使用，进一步增加经济效益。

我国新型电力系统建设高质量加速推进。垃圾处理与新型电力系统行业的交叉人才需求日益凸显，相关方面就业岗位增加。随着国家对环保产业的支持力度不断加大，垃圾焚烧发电产业也将获得更多的政策支持和市场机遇。这将进一步推动垃圾焚烧发电产业的发展，提高经济效益和社会效益。

(2)赋能新质生产力服务实践

2023年9月，习近平总书记在黑龙江考察时首次提出“新质生产力”，在召开的中央经济工作会议上，再次提出以颠覆性技术和前沿技术催生新产业、新模式、新动能，发展新质生产力。新质生产力要求生产力要素间更高水平的协同匹配。在一系列新技术驱动下，新质生产力引领带动生产主体、生产工具、生产对象和生产方式变革调整，推动各类要素紧密结合和协作开发共享，有效降低交易成本，提升资源配置效率和全要素生产率。

将垃圾焚烧发电与新质生产力对生产力要素间更高水平协同匹配的要求相结合，我们可以看到，一方面，新质生产力为城市垃圾处理服务的高质量发展提供了强有力的支撑。另一方面，垃圾焚烧发电作为一种先进的生产方式，正是在新技术驱动下，引领并带动生产主体、生产工具、生产对象和生产方式的变革调整，进而推动各类要素的高效利用和资源配置效率的提升[155]。

从生产主体来看，垃圾焚烧发电项目往往需要政府、企业和社会公众共同参与。政府提供政策支持和监管，企业负责技术研发和运营管理，社会公众则通过垃圾分类等行为参与其中，这种多元化的生产主体结构要求各方之间实现更高水平的协同匹配，以确保项目的顺利实施和高效运行。

其次，在生产工具方面，垃圾焚烧发电依赖于先进的焚烧技术和设备。随着技术的不断进步，新型的焚烧炉、烟气净化设备等被广泛应用于垃圾焚烧发电项目中，这些技术和设备的应用不仅提高了垃圾焚烧的效率和环保性能，也推动了生产工具的变革升级。

在生产对象方面，垃圾焚烧发电将传统的废弃物——垃圾作为生产对象，通过焚烧处理转化为电能和热能。这种对生产对象的创新利用，不仅解决了垃圾处理的问题，也实现了资源的循环利用和能源的高效利用。

最后，在生产方式方面，垃圾焚烧发电推动了生产方式的变革

调整。采用填埋或堆肥等传统处理方式，不仅意味着大片土地资源的被占用，更可能引发一系列环境问题。填埋方式通常涉及将废弃物深埋地下，这不仅占据了本就有限的土地资源，而且可能导致地下水和土壤的污染；堆肥则可能因为管理不善或操作不当，产生有害气体，如甲烷和硫化氢，这些气体不仅危害空气质量，还可能加剧全球变暖的趋势。因此，我们需要寻找更为环保和可持续的废弃物处理方法。而垃圾焚烧发电采用焚烧处理的方式，将垃圾转化为可高效利用的电能和热能，实现了对环境的有效保护。同时，垃圾焚烧发电还推动了生产方式的网络化、智能化发展，通过数据分析和智能控制等技术手段，实现了对焚烧过程的精准控制和优化管理。

(3)落实能源与环境相关政策

我国政府初期陆续发布的一系列关于鼓励垃圾焚烧产业发展的政策，标志着对垃圾发电技术的初步探索与认可[156]。我国废弃物发电政策规定的时间线如图 3-1 所示。

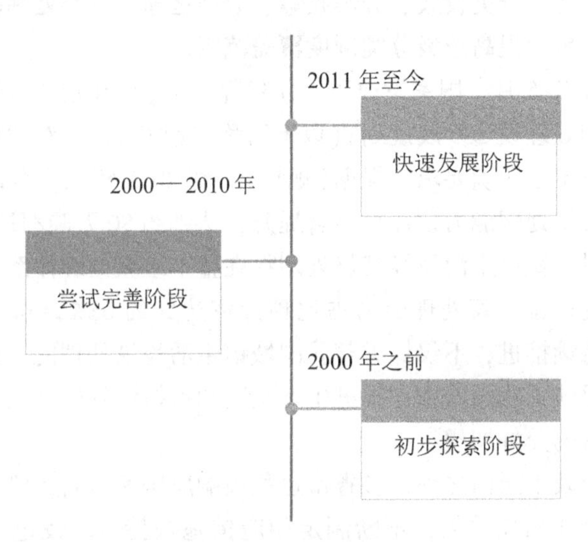

图 3-1　国家垃圾发电政策发展时间线

1991 年，《城市环境卫生当前产业政策实施办法》中建议，生活废弃物的无害化处置应逐步推广焚烧方式，2000年，《当前国家鼓励发展的环保产业设备(产品)目录》(第一批)(国经贸资源[2000]159号)将城市生活垃圾焚烧处理成套设备列入目录，拉开了国家鼓励生活垃圾采用焚烧处理方式的序幕。此阶段是垃圾发电的初步探索阶段。

2006年，《关于加强生物质发电项目环境影响评价管理工作的通知》(环发[2006]82号)鼓励对常规火电项目进行掺烧生物质的技术改造，促进了垃圾焚烧发电的发展。2009年，关于公布《环境保护、节能节水项目企业所得税优惠目录(试行)》的通知(财税[2009]166号)明确将生活垃圾焚烧列入目录。此阶段是垃圾发电的尝试完善阶段。

2011年，《关于进一步加强城市生活垃圾处理工作意见的通知》(国发[2011]9号)明确要加强资源利用，全面推广废旧商品回收利用、焚烧发电、生物处理等生活垃圾资源化处理方式。

2017年，《生活垃圾分类制度实施方案》(国办发[2017]26号)要求加快建立分类投放、分类收集、分类运输、分类处理的垃圾处理系统，努力提高垃圾分类制度覆盖范围。

2021年5月，国家发改委、住建部印发《“十四五”城镇生活垃圾分类和处理设施发展规划》(以下简称“规划”)，针对垃圾焚烧处理方面设定了明确要求。根据《规划》，到2025年底，全国城镇生活垃圾焚烧处理能力预计将显著提升，达到约80万吨/日的处理规模。同时，城市生活垃圾焚烧处理将在整个垃圾处理体系中占据更加重要的地位，其处理能力占比预计将达到约65%。这一目标的制定和持续推进，不仅标志着我国城镇生活垃圾处理能力的全面提升，也反映了我国希望在推进生态文明和可持续发展方面取得更进一步进展的美好期望。

国家政策层面之外，各省市也积极响应国家号召，纷纷出台垃圾发电产业相关政策，不断制定相应措施扶持垃圾发电产业的发展。浙江省确定的任务表明至2030年底，全面实施生活垃圾发电技术，使生活垃圾水平提高至日处理量9万吨以上，并完成对全国区域内生活废弃物的全部焚烧及无害化处置，以此有效促进环境与

资源循环利用的可持续发展。而其他省市如安徽、四川等也提出了垃圾发电行业发展的目标或规划。

垃圾焚烧作为一项不断发展的环保技术，其背后蕴含的科技智慧令人瞩目。历经百余载的探索与优化，垃圾焚烧的技术和设备一直在持续进步。在当今全球“碳达峰、碳中和”的大背景下，垃圾焚烧处理技术的优势越发凸显。通过高温焚烧，垃圾中的有害物质被销毁，同时产生的热能可以转化为可高效利用的能量，实现资源的再利用。这种方式不仅有效解决了“垃圾围城”的难题，还为城市提供了清洁、可再生的能源，对于推动城市绿色发展和应对气候变化具有重要意义。展望未来，随着技术的不断进步和政策的持续推动，垃圾焚烧处理将在我国生活垃圾处理领域发挥更加重要的作用。同时，我们也需要关注焚烧过程中可能产生的环境问题，加强监管和治理，确保垃圾焚烧处理技术的可持续发展。

3.1.3　建设垃圾处理项目的可行性

(1)国家政策大力支持

《“十四五”城镇生活垃圾分类和处理设施发展规划》中提出了有关于垃圾焚烧处理方面的目标，并提出了十项发展重点，涉及生活垃圾分类、生活垃圾处理、生活垃圾处理技术保障等方面，要求各地加大财政资金投入力度。

“十四五”规划指出，努力营造城市宜居环境，加强城市垃圾综合治理。加快城市生活垃圾处理设施建设，优先在土地紧缺、人口密度高的城市推广生活垃圾焚烧处理技术。力争到2025年，城市生活垃圾焚烧处理能力比“十三五”时期增长22万吨/日，提高城市的生活垃圾无害化处理能力，使城市的生活垃圾得到有效处理。

另外，各个省份、地级市也不断制定针对本地区生活垃圾焚烧发电的中长期专项规划。目的在于完善生活垃圾焚烧发电配套设施，实现生活垃圾焚烧发电配套设施的选址布局、处理能力等与当地的生活垃圾处理需求相匹配，提高生活垃圾焚烧发电的运行管理水平，促进生活垃圾无害化处理和资源化利用，推动生活垃圾焚烧发电建设。

随着技术的不断进步和政策的支持，垃圾焚烧发电快速发展，垃圾焚烧处理能力也得到了显著提升。据国家统计局数据，2022年我国垃圾焚烧处理能力已经跃升至804670吨/日，这一数字相较2021年有了11.83%的涨幅。这一增长不仅体现了我国在生活垃圾处理方面的持续投入和技术进步，更反映了政府对于环境保护和资源节约的高度重视。据生态环境部2023年数据统计，截至2023年我国生活垃圾焚烧发电厂数量已达900家，较2017年增加约700家，县城、建制镇生活垃圾焚烧处理基本覆盖。

(2)发展态势好

生活垃圾焚烧发电作为高效率、高环保的处理方式已经成为世界范围内的主流，尽管生活垃圾焚烧发电起步较晚，但是近年来发展势头迅猛。2021年末，生活垃圾焚烧发电产能已达到68.1%，占比已经大于原设定的产能目标值。按照生活垃圾减量化、无害化、资源化处理的准则要求，生活垃圾焚烧发电具有占地面积小、选址相对容易、对生态环境产生的影响较小等优势。因此，生活垃圾焚烧发电已成为我国解决生活垃圾处理问题的重要手段，也是我国建设资源节约型、环境友好型社会的重要抓手。

垃圾焚烧发电技术逐渐成为我国大中型城市垃圾处理的主要方式，在我国广东、山东、江苏及浙江等沿海省份垃圾发电项目接近饱和，并逐渐向宁夏、陕西及甘肃等中西部内陆省份拓展。以湖北省为例，自2006年底起到2013年，湖北省已有10座垃圾焚烧发电厂投入运营，垃圾焚烧处理量占生活无害垃圾处理总量有了较大的增长。生活垃圾焚烧发电相较于卫生填埋、堆肥等处理方式优势明显，有效缓解了垃圾增长的压力，资源二次利用增值增效。省会城市武汉市垃圾焚烧发电厂数量有5座，且均运行状态良好，负责处理武汉市的生活垃圾，对于武汉市的垃圾处理发挥了重大作用。其中垃圾焚烧发电厂的分布情况如表3-3所示。

表 3-3　武汉市垃圾焚烧发电厂分布情况

发电厂名称	所在区域	位　　置	运行状态
长山口垃圾焚烧发电厂	江夏区	郑店街长山口	运行中(良)
汉口北垃圾焚烧发电厂	黄陂区	盘龙城开发区刘店村	运行中(优)
锅顶山垃圾焚烧发电厂	汉阳区	永丰街仙山村	运行中(优)
青山星火垃圾焚烧发电厂	青山区	武汉化工区八吉府街与青山区星火村交界处	运行中(优)
新沟垃圾焚烧发电厂	东西湖区	新沟镇	运行中(优)

我国生活垃圾无害化处理已经达到较高水平。2022 年垃圾焚烧处理量占约无害化处理总量的 79.9%，是无害化处理中最主要的部分，而卫生填埋和垃圾堆肥等其他方式处理仅仅占无害化处理总量的约 12.5%和 7.6%，垃圾焚烧方式已然是无害化处理的关键部分。2018—2022 年全国无害化垃圾处理量占比如图 3-2 所示。

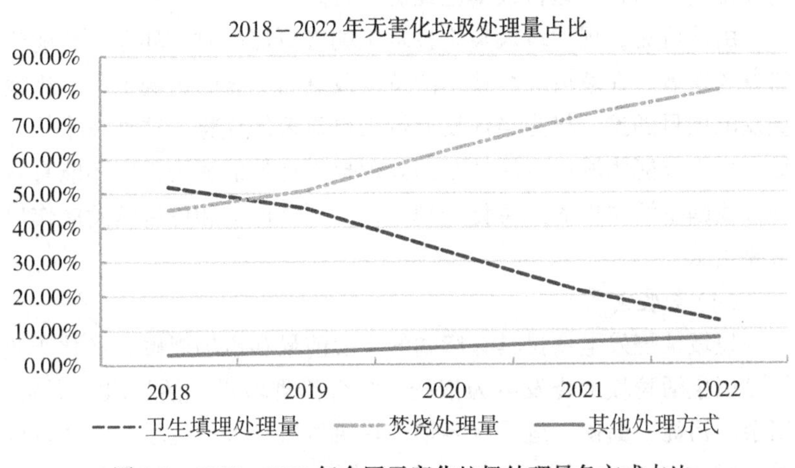

图 3-2　2018—2022 年全国无害化垃圾处理量各方式占比

由图 3-2 可知，卫生填埋以及其他方式占比逐年降低，垃圾焚烧则是逐年上升，垃圾焚烧处理已然成为垃圾处理行业的关注重点。垃圾焚烧发电可以明显地减少城市垃圾的容量，也可以在处理过程中有效解决地下水源、土壤的污染问题，产生的热量可用于发电、供热，整合资源利用。

(3)垃圾焚烧处理技术的发展

垃圾焚烧发电技术关键设备是焚烧炉。现代垃圾焚烧发电厂已经逐步采用智能化控制系统，实现实时监测垃圾燃烧和污染物排放状态，利用先进的技术调控，预警污染物浓度。在焚烧炉方面，为了提高焚烧效率，焚烧炉技术也不断地创新发展，已有多种炉型，和炉排炉技术等多种焚烧炉技术，在焚烧炉方面的发展使得焚烧过程更为安全高效。

现代垃圾焚烧厂普遍配备了高效的烟气净化系统，包括脱硝、脱硫、除尘和去除二噁英等污染物的设备，以满足严格的排放标准。现常规且成熟的烟气净化方式推荐采用"SNCR炉内脱硝+半干法脱酸+干法喷射+活性炭吸附+布袋除尘"组合方案，并设置烟气再循环。通过这几个单元的优化组合，从而使整个烟气净化系统不仅有效地、最大化处理去除存在于烟气中的各种污染物，保障烟气达标排放，而且在运行成本上经济可行。

由此可见，现代垃圾焚烧技术正朝着更加高效、环保、智能化的方向发展。在垃圾焚烧技术的持续改进与优化的影响下，垃圾焚烧发电项目的推广将为当地发展带来更显著的优势，这种技术的广泛应用不仅能为城市生活垃圾的处理提供有效的解决方案还能有效提升我国生活垃圾的无害化处理率，为环境保护和可持续发展作出重要贡献。

(4)发展前景

垃圾焚烧发电项目具有广阔的发展前景和市场规模。静脉产业园是以生活垃圾焚烧发电为依托，综合治理城市生活垃圾、餐厨、厨余、污泥、粪便、危险废弃物、建筑垃圾、大件垃圾、园林垃圾等固废的综合工业园区。生活垃圾焚烧发电厂作为静脉产业园核心，是绿色能源输出中心，不仅可以处理城市生活垃圾与陈腐垃圾，同时还能为园内其他餐厨及污泥等项目提供协同焚烧能力，焚烧产生的蒸汽可以为餐厨、污泥等项目供热。焚烧发电项目供给全园清洁电源，餐厨等项目产生的废渣、沼气等又能反哺作为焚烧项

目发电原材料，达到能源梯级利用，实现园区内能量循环。

我国的垃圾焚烧发电厂的建设已经基本达到国际先进水平。在建设、运营、技术以及管理方面均较成熟。2015—2022 年，垃圾焚烧发电装机容量持续增长，2022 年生活垃圾焚烧发电年新增装机容量 257 万千瓦，累计装机达到 2386 万千瓦。与此同时，市场规模也在逐年上升，2022 年市场规模达到 522 亿元，往后还将持续上涨。

现在的垃圾焚烧技术已经趋于成熟，垃圾焚烧发电设施在建设和运营过程中完全可以达到国家和地方的相关环保要求和标准。预计到 2028 年，中国垃圾发电行业市场规模将达到 760 亿元。参与碳交易市场垃圾焚烧发电项目由于其自身的优势，不仅可以避免因垃圾填埋而产生的温室气体，而且燃烧过程产生的热能还可以转化成清洁的电能，这就使得垃圾焚烧发电可以归属于自愿减排项目。这样垃圾焚烧发电项目就可获得碳减排的补贴，参与碳排放交易市场，承担起一份社会责任。

3.1.4 垃圾焚烧项目与邻避危机

垃圾焚烧发电过程涉及多个方面，过程中会产生较多潜在风险，运营不当很可能会影响周边居民身体健康和环境的安全，极易引发邻避效应。例如垃圾焚烧过程中可能会产生多种大气污染物、温室气体、二噁英等持久性有机污染物(POPs)和重金属、飞灰等有害物质。大气的污染物比如颗粒物、氮氧化物、二氧化硫、一氧化碳和氯化氢等如果控制不当，会对空气质量造成影响，这些物质具有高毒性和长期的环境持久性，对人体健康和生态系统有较大威胁。飞灰是一种危险废物，含有多种有害物质，如果处理不当，飞灰可能对土壤和地下水造成污染。温室气体，包括二氧化碳等，对气候变化有潜在影响，对陈腐垃圾进行开挖焚烧可能会带来甲烷泄漏、臭气、渗滤液污染等环境风险，垃圾焚烧发电厂可能因为居民对其的认识较少，有意识偏见，引起周边居民的反对，担心健康影响和环境质量下降，导致社会矛盾和邻避危机。

邻避危机不仅体现在居民对身体健康和环境安全的担忧上，还包括居民对垃圾焚烧发电设施附近房地产价值的衡量，使得公众对垃圾焚烧项目的认可度和接受度不高。垃圾焚烧发电一旦出现邻避危机，项目可能会被叫停并以永久停运告终，严重阻碍垃圾焚烧发电行业的发展。

3.2　邻避问题的产生与趋势

3.2.1　邻避问题的理论演进

基于中国知网的文献"邻避""邻避冲突""邻避事件"和"垃圾焚烧"等关键词，检索了2013—2023年所有相关期刊文献，并通过期刊来源选择主要为CSSCI的中文期刊文献，筛选出了文献共计362篇。基于该样本进行时间分布统计，邻避研究中文文献时间分布如图3-3所示。

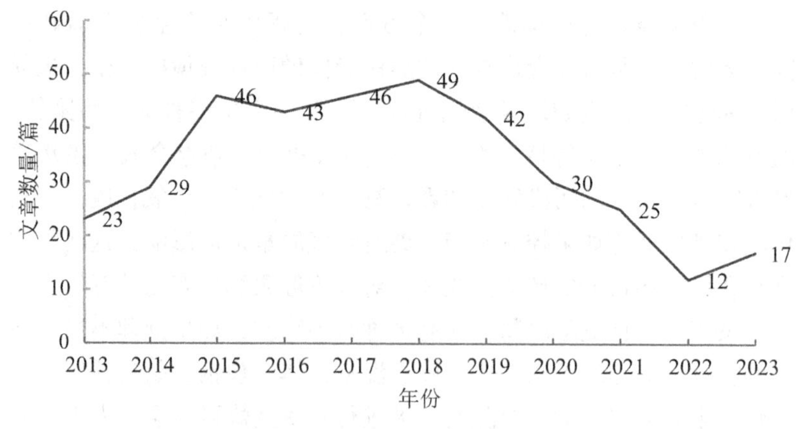

图3-3　CSSCI邻避研究中文文献时间分布

由图3-3可知，近年来，邻避相关问题的研究总体上呈现先增长，后略微下降的趋势，2015—2019年，数量相对较高，变化趋于平稳，并于2018年达到峰值49篇，2019年后有所下降。2013—2015年，邻避相关研究呈现加速发展的态势，增幅较大，这一特征，可能与这个时期城市快速发展，城镇化率变高等因素有关，进入城市问题集中治理时期，邻避现象突出。2023年篇幅有所提升，但邻避研究的局限性逐渐突显，学界尚未形成系统全面的邻避风险演变研究体系。

从学科分布来看(如图3-4所示)，在CSSCI收录的关于邻避研究的期刊文献中，行政学及国家行政管理(49%)以及环境科学与资源利用(17%)占比较高，并且行政管理专业明显高于其他学科，文章数量最多，其次是环境科学专业，呈现出社会科学与自然科学在邻避研究中的理论关怀。其他类覆盖较多的学科总的加起来占比也较高，譬如法理、法商、电力工业和新闻与传媒等学科也为邻避研究贡献了较大力量。另外在统计中，发现中国政治与国际政治、公安类、社会学及统计学也占到了一定的比例。由此看出，文章覆盖学科较广，学科交叉趋势明显，提供十分重要的理论研究。

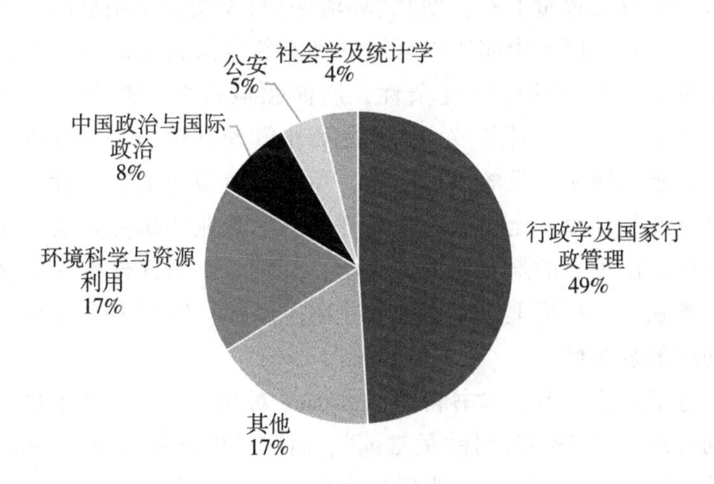

图3-4　CSSCI邻避研究中文文献学科分布

再结合CSSCI收录的期刊文章数量前十文献分布如图3-5所示。

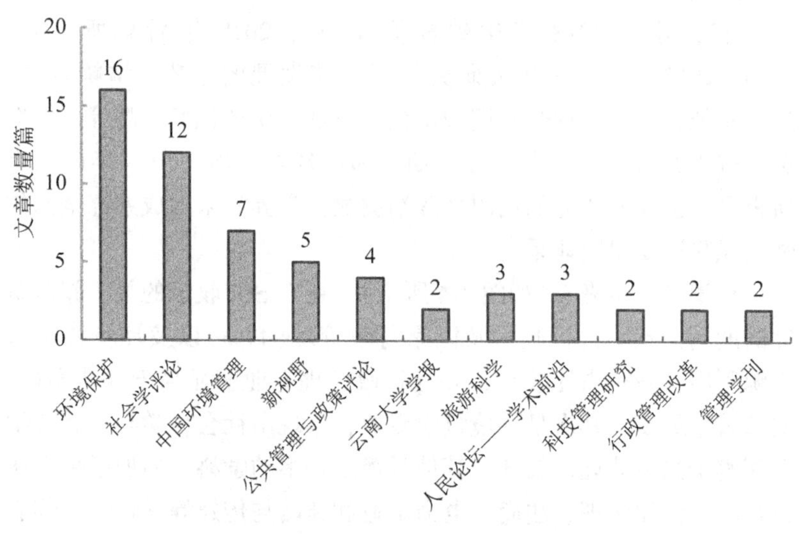

图3-5　CSSCI邻避研究期刊前十文献分布

由图3-5可知，管理学类期刊占到了大多数，环境类也占比很大，从发文数量上看，期刊《环境保护》发文数量明显高于其他期刊，一定程度上说明国内环境管理对邻避问题的研究重视，同时也反映着邻避问题的复杂性，所涉领域众多，在行政管理方面，邻避问题一直都是政府面临的突出管理挑战；在环境科学方面，邻避问题所引发的系列问题，由于邻避设施的特殊性，很大程度上威胁环境安全，一直也是环境科学专业的研究焦点；在其他方面，前十名的期刊涉及社会学、管理学、新闻传播学等多学科，都在一定程度上对邻避现象作出了解释，客观上也反映了邻避问题的复杂性。

基于上述样本，本书利用 Citespace 对362篇期刊文献进行了共词分析，节点类型选择“关键词”，时间跨度选择“2013—2023”，统计时间以1年为切片，选择标准为 top10%，分析后样本中词频数前20(见表3-4)，其中词频最大的是“邻避冲突”(260)，其次是词频10~70的占5个，“邻避设施”最高，再就是词频10以下占14个，最高词频为“邻避”。

表 3-4 共词分析后前 20 个高频关键词

序号	年份	词频	关键词
1	2013	260	邻避冲突
2	2013	63	邻避设施
3	2013	26	公众参与
4	2013	20	治理
5	2015	16	垃圾焚烧
6	2015	15	邻避效应
7	2016	9	邻避
8	2016	8	协商民主
9	2013	8	环境正义
10	2013	7	公民参与
11	2017	6	风险感知
12	2013	6	负外部性
13	2015	5	环境治理
14	2017	5	邻避事件
15	2013	4	公共政策
16	2020	4	协商治理
17	2014	4	困境
18	2018	4	政府治理
19	2016	4	风险认知
20	2014	4	治理困境

共词分析主要通过共现次数来测度亲疏关系，分析学科主题分布。共现分析后该 20 个关键词即为 CSSCI 邻避研究相关期刊文献近 10 年来的主要关键词，研究的关键围绕有关邻避的直接概念词“邻避冲突”“邻避效应”“邻避”等，而且相关对“邻避”概念的话语

转换以及现象描述的研究也比较突出，从不同的侧面地界定和研究邻避问题。另外，“负外部性”“环境正义”“环境治理”和“风险感知”等词，也可以看出，对于邻避问题的原因，国内学者也在探索邻避问题治理的有效路径。“公众参与”“协商民主”“公共政策”等词，也一定程度上反映出邻避相关研究对治理方式的重视，越来越多学者综合考虑，提出更好的缓解邻避效应以及治理的方式，再结合经济和科技的发展，会有更多应对邻避问题的方式出现。

通过近 10 年内的 CSSCI 期刊邻避研究共词数时间分布和作者合作网络图来看(见图 3-6、图 3-7)，近三年对邻避问题的相关研究呈略显下降态势，处于一个有待深化研究和突破瓶颈的时候，在快速增长的同时，很多研究的局限性也已逐渐凸显。

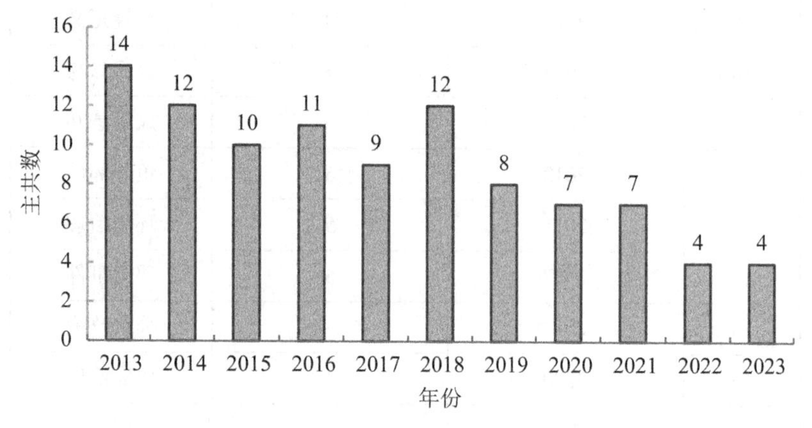

图 3-6　2013—2023CSSCI 邻避研究作者共词数时间分布

在此基础上，基于关键词进行网络分析。生成的网络共包括 98 个节点，171 条连线，节点大小表示载文量。通过聚类分析后，可以得到聚类图，以其中一个聚类“邻避冲突”为例，如图 3-8 所示。

从图 3-8 中可以看出，“邻避冲突”的载文量达 242 篇，并且几乎其他节点都与其有连线相关，从而可以看出目前 CSSCI 期刊文献对于邻避问题的研究主题特征，主要是围绕“邻避冲突”展开的，

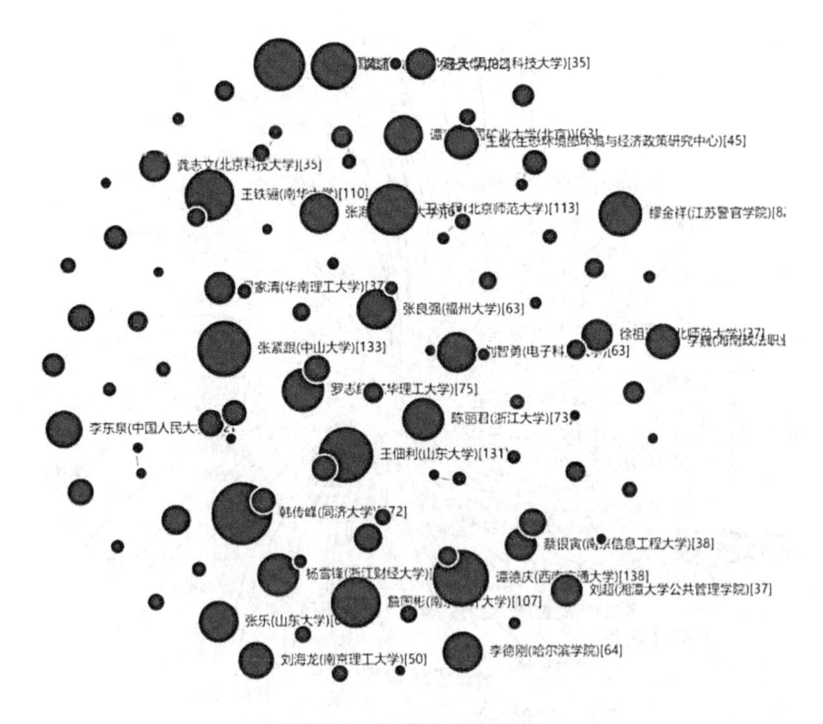

图 3-7　作者合作网络图

对于邻避问题不同侧面的具体解构，关注“邻避设施”的具体分类，重点设施，选址及决策过程；通过分析“邻避事件”，总结经验教训，提出更有益的方案；关注邻避治理中“公众参与”的情况，从多主体、多方式去探讨如何跳出“治理困境”；聚焦邻避问题产生原因，从“垃圾焚烧”等具体邻避问题起源开展精细化研究；关注从“风险管理”等角度理解当前邻避问题及其应对。

通过聚类中心性(见表 3-5)可以看出，邻避问题 2013 年主要以研究邻避问题产生原因“负外部性”，以及治理手段为主，并已经基本上形成了“邻避概念丛林”。2015 年后，开始以邻避具体场景及设施分析，聚焦“垃圾焚烧”等邻避事件，通过案例分析，进行风险感知评价，从而获得相对应的解决方案。

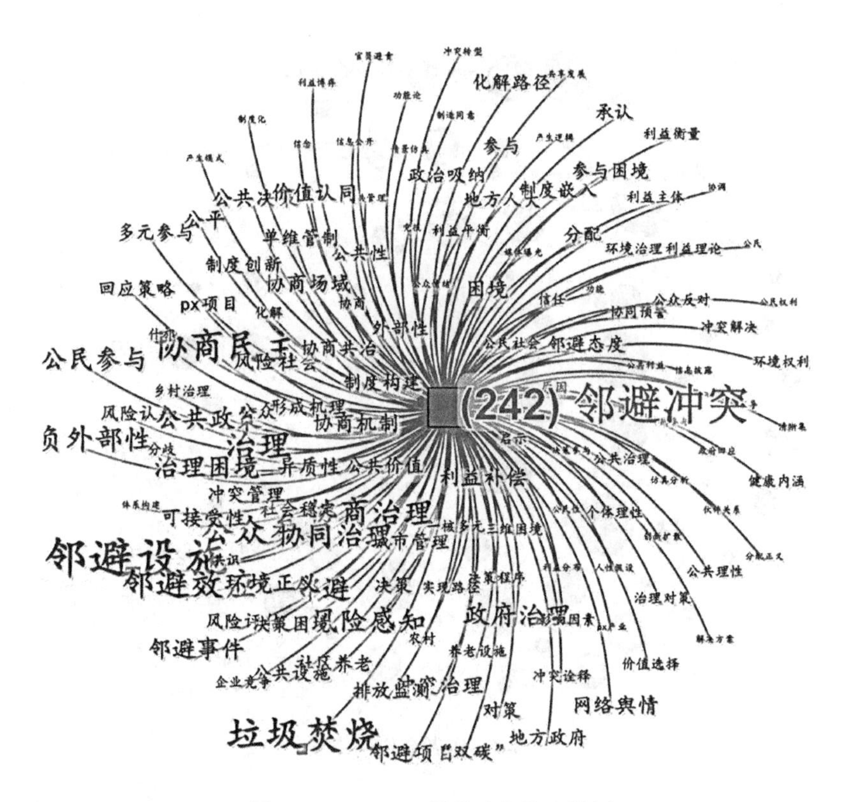

图 3-8　Citespace 邻避冲突的聚类图

表 3-5　CSSCI 聚类分析中心性较强前 11 个关键词

年份	中心性	词数	关键词
2013	0.02	6	负外部性
2013	0.06	7	公民参与
2013	0.03	20	治理
2013	0.02	26	公众参与
2013	0.29	63	邻避设施
2013	1.58	260	邻避冲突

续表

年份	中心性	词数	关键词
2014	0.01	4	治理困境
2015	0.09	15	邻避效应
2015	0.09	16	垃圾焚烧
2017	0.01	6	风险感知
2021	0.01	2	邻避项目

综上研究发现，邻避问题是一个覆盖面广、多学科交叉的学术研究问题，当前主要集中在社会学、公共管理学、环境科学等领域，又包含了城市学、规划学、公安治理学等诸多学科的特点，多学科的研究视角已然成为研究邻避问题的发展需要。

(1)社会学视角

邻避问题往往与社区的社会结构和居民的认同感有关。居民因为对社区的归属感反对可能影响生活质量的设施建设。社会学研究强调居民对邻避设施的风险感知，以及这种感知如何影响其行为和抗议活动。在邻避问题中，主要是由于居民的恐惧、焦虑和对建设方的不信任感导致集体行动。社会资本理论认为，信任、社会网络和居民参与是解决邻避冲突的关键因素。高社会资本的社区更有可能通过沟通协商解决问题。

(2)环境科学视角

环境科学研究环境风险如何在社会中分布，关注是否存在环境不公，即某些群体是否承担了不成比例的环境负担，并且提供了评估邻避设施对生态系统与人类健康潜在影响的工具和方法。这包括对空气、水和土壤污染的量化分析。环境科学的视角强调邻避问题与可持续发展目标之间的联系，提倡在城市规划和设施建设中采取更加环保和可持续的做法。

(3) 公共管理学视角

公共管理学关注政策制定过程中的公民参与和透明度，以及政策执行的有效性。这包括评估政策是否充分考虑了公众意见和需求。公共管理学视角下，邻避问题被视为一种公共危机，需要有效的沟通策略和危机管理计划来应对。提倡采用更加开放和包容的治理模式，如多方利益相关者参与的协商机制，以及基于社区的治理策略来解决邻避问题。

目前来看，国内的邻避问题研究已有很大进步，但也还是存在些许不足，对于公共管理学、社会学角度出发的研究偏多，而以经济学角度，从公民权益、利益博弈和赔偿机制等方面的研究较少，跨学科合作的研究较少，多以邻避概念性的研究为主，应用性研究较少，邻避事件分析系统性不够，研究方法单一，研究主体集中，除案例研究，比较研究外的其他研究方法较少。

3. 2. 2　邻避问题的发展现状

(1) 邻避设施的分类

邻避事件的产生受到多种因素的影响，进入 21 世纪后，我国邻避事件多发，并且主要是由于环境社会服务设施所引起的邻避事件，垃圾处理设施、能源设施等具有环境负外部性的公共服务设施，是我国邻避事件中主要的设施类型。因不同类型的邻避事件之间可能存在交叉和重叠，又受到以邻避设施为主的多方面因素影响，当前邻避事件可以依据不同的维度划分，本书主要依据“预期损失—不确定性”进行划分，当前邻避事件主要可以依据所涉及的邻避设施相对应划分为污染类邻避事件、风险集聚类邻避事件、心理不悦类邻避事件以及污名化类邻避事件。邻避设施分类如表 3-6 所示。

表 3-6 邻避设施分类

类　　型	分类依据	类型	分类依据
污染类邻避设施 如垃圾焚烧厂、污水处理厂等	高预期损失 低不确定性	风险集聚类邻避设施 如核电站、大型石化项目、加油站等	高预期损失 高不确定性
心理不悦类邻避设施 如公墓、殡仪馆、火葬场等	低预期损失 低不确定性	污名化类邻避设施 如监狱、戒毒所等	低预期损失 高不确定性

污染类邻避事件通常涉及高预期损失和低不确定性的邻避设施。典型的污染类邻避设施包括垃圾焚烧厂、污水处理厂等，这些设施在运行过程中可能会产生废水、废气、固体废弃物等污染物，很大程度上会给周边环境和居民健康造成直接损害。这种损害一旦发生，往往需要大量的资金和资源进行修复和治疗，给居民带来经济上的沉重负担；这些设施运行中也可能导致土壤、水源等生态资源的破坏，进而影响生态平衡和生物环境，这样的生态破坏需要长时间的恢复和重建，甚至可能无法完全恢复；邻避设施主要由政府牵头组织建设，所以运行中还可能导致公众对政府和企业的信任下降，引发社会不满，这可能会进一步影响社会的稳定。广州番禺垃圾焚烧发电项目就是由于项目实施中产生的污水、废气等污染周边环境才引发了邻避效应。有学者曾对截至 2017 年底国内公开报道或研究提及的约 300 起邻避事件梳理分析，发现污染类垃圾处理设施和能源类设施占到了全部设施类型的 60%。由此可见，污染类邻避事件在所有邻避事件中占比很高，从而发现公众在对环境和健康有潜在威胁的事务上避之不及，因此较容易引发强烈的反对情绪和行为。

垃圾转运站作为最典型的污染类邻避设施，其在现代城市生活垃圾收集运输管理系统中不可或缺，根据新华网的报道，湖北省提出到 2023 年，生活垃圾焚烧发电处理占比不低于 70%，并且到 2025 年，地级以上城市基本建成生活垃圾分类处理系统。武汉市垃圾处理转运站总数达 58 个(见表 3-7)，分布于各个区镇。

垃圾转运站常常成为邻避问题的焦点。垃圾转运站可能产生的异味、污水、蚊虫等环境问题，影响周边居民的生活质量。垃圾转运站的运营还可能造成交通拥堵，尤其是在车辆进出频繁的时段。转运站的作业和车辆运行可能产生噪音，影响居民的日常生活和休息。有研究表明，住宅距离垃圾转运站越近，其房价可能越低，反映出居民对邻避设施的支付意愿降低。垃圾转运站的选址和运营可能引发居民抗议和不满，导致社会矛盾和冲突。

风险集聚类邻避事件通常涉及高预期损失和高不确定性的邻避设施。典型风险聚集类邻避设施如核电站、变电站、大型石化项目等，这些设施在运行过程中可能存在较高的安全风险，一旦发生事故，将会造成十分严重的后果。直接经济损失将巨大，核电站的核泄漏事故可能导致周边大片地区的经济活动停滞，造成数百亿甚至上千亿元的损失，这些设施通常需要大量的资金进行建设和维护，发生事故，不仅会导致设施本身的损坏,还会引发一系列连锁反应，

表 3-7　武汉市垃圾转运站一览表

区名	垃圾站名	区名	垃圾站名
江岸区	谌家矶转运站	青山区	建十路垃圾转运站
	丹水池转运站		新沟桥街垃圾转运站
	百步亭转运站		钢花垃圾转运站
	新春转运站		工人村街转运站
江汉区	姑嫂树转运站		金嘴垃圾转运站
	唐家墩转运站		厂前转运站
	CBD 转运站		武东中转站
	友谊路转运站		白玉山转运站

续表

区名	垃圾站名	区名	垃圾站名
汉阳区	洲头垃圾转运站	洪山区	李桥转运站
	江堤中路垃圾转运站		张家湾转运站
武昌区	杨园街生活垃圾转运站		关南转运站
	紫阳东路转运站		东方红转运站
	东亭转运站		建一转运站
	鹦鹉洲转运站	黄陂区	蔡店垃圾转运站
东西湖区	废弃物分拣转运中心		姚集垃圾转运站
	金银湖马池转运站		木兰乡垃圾转运站
	柏泉转运站		王家河垃圾转运站
新洲区	文昌路转运站		三里桥垃圾转运站
	汪集第一垃圾转运站		李集垃圾转运站
	汪集第二垃圾转运站		罗汉垃圾转运站
东湖高新区	武汉东湖新技术开发区固体废弃物转运中心		祁家湾垃圾转运站
武汉开发区（汉南区）	汉南工业园区转运站		六指垃圾转运站
	凤凰工业园转运站		蔡榨垃圾转运站
东湖风景区	梅园垃圾中转站		横店垃圾转运站
蔡甸区	马家渡转运站		天河垃圾转运站
	宜居新城转运站		滠口垃圾转运站
	侏儒垃圾转运站		西河桥垃圾转运站
			明珠路垃圾转运站

面临更多复杂的问题，如环境修复、人员安置等，也有可能会对周边环境造成恶劣影响，资源破坏、生态失衡等，更会加剧公众对政府的不信任，事后恢复都需要付出更大的努力和代价。日本福岛核电站事故后，中国和德国都出现了反对建设核电站的邻避效应事

件。这类设施带来的风险难以预测，公众对这类设施的担忧不仅在于对环境和健康的潜在威胁，更在于对安全事故的恐惧和不确定性。

心理不悦类邻避事件通常涉及低预期损失和低不确定性的邻避设施。心理不悦类邻避设施如公墓、殡仪馆、精神病院等，这类设施通常不会对周边居民造成直接的经济损失或身体伤害，可能也不会对环境和健康造成明显的直接影响，但是，这些设施可能会给周边居民带来一定程度的心理不适或不悦感，这种心理层面的影响是主观的，且因人而异。由于其性质或外观等原因，容易引发居民的心理不适或反感。殡仪馆、精神病院等设施的建设可能会引发周边居民的抵触情绪，认为这些设施会对自己的生活质量和心理健康产生负面影响。

污名化类邻避事件通常涉及低预期损失和高不确定性的邻避设施。污名化类邻避设施如监狱、戒毒所等，往往由于历史原因、媒体报道或社会偏见等因素而被污名化，导致居民对其产生误解和偏见。很多监狱、精神病院或者出过负面事件的设施的建设可能会因为公众的刻板印象和偏见而引发邻避效应。

另外，随着经济的发展，交通类、大型娱乐设施在一定程度上也会引起邻避事件，通常是由于噪音、空气污染、人流聚集、交通拥堵等原因影响附近居民休息和生活质量。有数据显示，在2023年梳理排查出需关注的环境“邻避”问题的项目中交通项目占比为84%。高速公路、铁路、机场等，在运行过程中会产生噪音和振动，交通类设施的运行会产生尾气排放，导致空气污染，这种污染可能对周边居民的健康产生负面影响，尤其是对老年人和儿童等敏感人群，且交通拥堵不仅影响出行效率，还可能导致安全事故的增加。大型娱乐设施，如游乐园、体育场、剧院等，在运营过程中会产生较大的噪音，这种噪音可能对周边居民的休息和生活造成干扰，大型娱乐设施会吸引大量人流聚集，这可能导致周边地区的交通拥堵、停车困难等问题，同时，人流聚集还可能增加治安和安全事故的风险。

(2)邻避问题治理

当前环境邻避问题防范化解仍然存在一些薄弱环节，一是随着城镇快速发展，城市规划及规划控制难度增加，一方面原本规划预留在郊区的邻避设施随着城市扩张离居住区域的距离缩短，导致敏感目标增加，另一方面如交通基础设施类公共设施选址只能在既有城市空间布局中加塞，容易产生新的环境矛盾。二是部分地区环境邻避问题系统应对体系不足，部门联动机制欠缺，存在信息壁垒，难以从源头防范风险。三是基层应对能力仍然不足，环境邻避设施与带动区域高质量发展、周边民众惠益共享协调融合不足，特别是激励政策配套和落实不够，难以平衡环境邻避设施的负外部性。因此，在邻避问题治理中需要注意以下问题。

①政策调整与技术创新应用。

近些年，邻避设施风险分布的新趋势逐渐显现，地方政府的决策情境也随之不断变化。邻避问题作为单独的政府治理议题被讨论，探讨多集中于政府决策机制和决策过程的优化。

城市内涵式发展对公共服务设施的客观需要，使得新建邻避设施仍是公众行动的重要触发动机。传统治理的线性逻辑已经改变，政府必须对城市空间的日常运行及未来趋势保持风险敏感，同时，城市既有空间的更新也会成为回应邻避问题的治理举措。我国邻避问题情境的现实特征及其发展趋势相互叠加，使得政府面对的邻避问题治理压力进一步加大。这在客观上要求政府理顺同各行动主体间的关系，并重新明确自身的角色定位。邻避设施所带来的风险分配，对政府提出了常态治理的更高要求。邻避问题的高发性和区域扩散意味着，基于事态缓和的应急管理思路因其“抗争—妥协—平息”的路径依赖，将给政府带来日益增加的治理成本，包括应急回应的交易成本、前期规划决策投入的沉没成本，以及因制约地方发展所带来的机会成本。政府必须从促进地方发展而非平息应急事态的立场出发治理邻避问题。邻避问题的地方性和行业渗透趋势叠加，进一步增加了政府完善决策体系的治理压力。

一方面是产业发展要求下的监管与决策压力。诸如新能源产业、垃圾处理产业、养老产业等，因其产业基础设施普遍被感知的负外部性，而成为高“邻避”风险产业。这意味着针对相关产业发展的政策内容，不仅需涵盖宏观层面的产业布局与长远发展战略部署、中观层面的产业技术创新，而且需更加重视微观层面产业设施影响下的公众态度，制定兼具公众参与性、技术专业性、监管科学性、产业差异性的高质量决策。另一方面则是层级、部门间“邻避”风险决策压力的传导。邻避问题由于自身多样性、地方性、行业性等趋势特征，已经超越单一部门或特定部门的治理边界，成为政府相关职能部门普遍面临的管理任务。对各治理层级、各政府职能部门而言，邻避问题治理能力正逐渐成为治理能力现代化的重要体现。政策调整将更加注重公共决策的透明度，通过公开征求意见、听证会等方式让居民参与到决策过程中来，减少因信息不对称导致的邻避事件。

另外，新时代数字化和智能化技术的应用使得公共设施项目的监测和管理更加高效，科技的运用能够及时发现并处理潜在的环境问题，减少邻避事件的发生。引入先进的污染控制技术，垃圾焚烧厂的污染物排放会有所降低。技术创新还将为公众参与提供更多的渠道和方式，如通过在线平台收集居民意见、实时反馈项目进展等，增强居民对项目的信任感和满意度。

②公众意识与公共决策互动。

在近年来提升社会治理创新能力、推进公共服务均衡可持续发展的进程中，高质量的邻避问题防范化解决策是城市治理的关键。与此同时，邻避问题也越来越多地渗入相关行业、产业的发展中。不同行业背后的多元管理部门因而成为邻避问题共同的治理主体；同时，不同行业自身的差异性、专业性和管理情境的特殊性，使得邻避问题决策在很大程度上转化为行业管理与产业监管的政策议题。

随着近年来互联网和自媒体在针对邻避问题的行动中日益普及，邻避问题的知识在互联网平台被重构，网络公众的风险立场也呈现出分散化趋势。比较典型的例子是，近年来部分社区针对通信基站建设的行动中，由于居民的过激行为对基站设施造成破坏，最终导致通信运营商停止设施建设并中断社区通信服务。由此造成的

生活影响，不仅直接加剧了社区居民内部的立场分化，关于通信基站“邻避”风险的知识也被重新建构，人们逐渐普遍认可此类设施的技术安全性、生活必需性，事发社区中原先沉默的支持者也采取行动支持设施建设。居民受教育程度的提高和权利意识的增强使得居民对公共设施项目的关注度和参与度不断提高，对项目的期望和要求也更加明确和具体。居民权利意识的提高将推动公共决策的民主化进程，政府将更加注重听取居民的意见和建议，通过协商、沟通等方式达成共识，减少邻避事件的发生。在政策调整和技术创新的推动下，居民与政府之间的互动将更加频繁和紧密。居民可以通过多种渠道表达自己的诉求和期望，政府也可以更加及时地了解居民的需求和反馈，形成良性互动的局面。

3.2.3 邻避问题的发展态势

①邻避问题总体形势平稳可控。

从邻避问题产生的风险来看，垃圾转运处理、变电站及基站电磁辐射)等项目导致的邻避风险时有发生，但以网络舆情为主，项目利益相关群体范围较小，总体风险可控。

公众在面对邻避设施问题时诉求和表达方式趋于理性，更多的人不再会选择过激的行为方式。随着社会文明程度的提高和公众素质的增强，公众在表达不满或担忧时，更倾向于通过合理合法的途径，选择相信政府，而不是直接通过暴力等方式表达诉求。在涉及邻避设施的决策过程中，公众参与度也逐年提高。近年来，政府和相关机构采取一系列措施如加强信息公开、透明度和及时沟通等，加强了风险管理，减少了误解和恐慌情绪的传播。同时，相关部门建立了更加完善的应急管理机制，提高了对邻避风险的快速响应和处理能力。另外，科学技术的进步和环保理念的深入人心，许多邻避设施采用了更加环保、高效的技术和设备。这些技术和设备的应用不仅提高了设施的运行效率和安全性，也有效地降低了对环境和居民的影响。

②邻避问题呈现出较强的地方性。

从邻避事件主体上看，居民是主导力量，媒体是辅助力量。居民反对邻避设施建设的逻辑在于要求对其生存环境、自然生态领域以及道德领域的权利予以保障，媒体往往起到宣传助推的作用，要求政府和相关部门尽义务，承担责任，做出回应。

邻避问题的网络社群分化逐渐明显，削弱了地方性针对邻避问题的行动所具备的组织和动员能力。那些产生较大影响、多以停建告终的邻避事件，更多集中在环境风险显著或风险损失较大、民营企业作为建设主体、在较低治理层级上兴建的邻避设施中。21 世纪以来在可通过官方渠道获知的邻避事件中，大多数的居民行动及其社会影响都限于地方层面。在邻避型群体事件中，公众更多地会将矛头直接指向地方政府，这可能与地方政府在邻避设施的规划中扮演的决定性角色，以及与相关企业存在的利益勾连有关。公众通常认为，地方政府在邻避设施的选址、建设、运营等过程中是关键负责方，应该首先找其解决问题。因此，当邻避设施可能对民众的生活、健康或环境产生负面影响时，民众往往首先会向地方政府表达不满和抗议。特别是当地方政府在环境执法、监管等方面存在不力或失职时，更容易引发民众的集体抗议。

另外，随着经济发展水平的提升，邻避问题因不同地区的经济发展水平、人口密度、环境敏感度等因素存在差异，这些因素都可能影响邻避事件的发生。在一些经济发达、人口密度大、环境敏感度高的地区，邻避事件的发生概率可能相对较高。邻避问题与社会经济发展水平呈现时空上的耦合特征，邻避问题在空间分布上呈现出由“东南沿海—西北内陆”梯度减少的特征，与我国经济社会发展水平的空间分布特征耦合[157]。

③邻避问题感知程度减少，事件数量未明显减少。

从邻避设施的风险大小来看，邻避设施所造成的环境风险越大，邻避抗争越容易成功。当风险被认为较高时，更多的居民可能会感到有必要参与抗争，以保护自己和社区的利益，媒体的报道也可能越广泛，从而提高公众意识并激发抗争行动。民营企业规划的邻避项目越容易抗争成功，政府在不同的发展阶段，对邻避问题有着不同的定位与态度，也有着不同的顾虑，政府可能更倾向于响应公众的担忧，以避免潜在的环境和社会问题。

媒体公开报道的邻避事件数量，可以感知的程度在持续减少。我国正处于城市不断扩张、人口不断集中以及人们生活品质不断提升的时候，客观上对垃圾处理、清洁能源、生产生活用电等公共服务有着更高的需求，可见公众对环境影响和安全隐患的敏感性仍将是邻避问题感知最重要的来源。这在某种程度上表明，邻避问题本身的热度有所降低，其作为政策问题的讨论热度有所下降。但也有研究发现，尽管邻避问题的对抗性有所缓和，但其实际数量并未明显减少，在时间维度上，公众在基本物质生活需求满足后，环境意识、权利意识随之提升，关于自身权益的敏感性不断增强，因此社会经济发展到一定程度后更易面临邻避问题。地方政府作为邻避问题的重要治理主体，需在社会常态化的运行状态中动态回应与治理邻避问题。尽管公众对于邻避问题的感知程度有所减少，但环境基础设施项目与周边居民之间的利益冲突依然存在。这些冲突可能源于项目选址、环境影响、噪声污染、土地利用等方面的问题。当这些冲突无法得到妥善解决时，就可能引发邻避危机。

④区域不平衡，类型多样化。

从邻避事件发生数量的空间分布来看，东南沿海区域发生邻避事件的报道数量远远高于西北内陆地区。如华东、华南地区就远高于西北、东北地区。在经济发达的地区，城市面临更多的、更大范围的改造与转型，这一过程中常常面临各方利益的纠纷，从而更易产生邻避危机。

全球性邻避问题正在向世界范围扩展，地区间发展不平衡。邻避问题与地区经济发展水平强相关，具有极强的现实性，邻避问题发生地受关注程度与地区生产力水平也相关。随着城市化进程的加快和工业化程度的提高，邻避事件的发生地已经从早期主要集中在大城市，逐渐蔓延到中小城市、县城和农村。东北地区由于历史原因和经济结构调整，一些传统工业城市面临的环境问题较为突出，邻避事件也呈现出一定的特点，由于工业废弃物的处理不当或环境污染问题引发的邻避事件较多。城乡之间因经济水平、资源分配以及基础设施建设和公共服务等存在差距，造成城乡关注也不平衡。城市居民通常享有更高的收入水平和就业机会，而农村居民由于产业结构单一、技术水平相对较低，收入普遍较低，另外城市地区的基础设施建设相对发达，如水电供应、交通、通信等，而农村地区的基础设施建设相对滞后，农村地区在教育、医疗等公共服务方面的供给也相对较少，城乡消费水平、社会保障水平等方面也存在明显差距，导致城乡居民在面对邻避事件时会有不同的感知。主流媒体关于农村和弱势地区的报道相对较少，相对于城市问题，其报道比例明显偏低。因客观条件限制，邻避事件发生后这些弱势地区很难得到关注和解决。

由于社会发展需要，除了传统的垃圾焚烧厂、化工厂等环境污染和能源设施，更多新型的设施也成为邻避事件易发领域。从发生领域上，现阶段环境邻避问题突出的重点领域仍以传统领域为主，新建交通基础设施已成为邻避问题的多发领域。从表现形式上，城市规划与建设的矛盾风险问题增多，工业用地与居民区混杂，“楼企相邻”“楼路相近”矛盾突出。城镇化发展造成土地资源紧张，选址空间受限，选线规划先天不足，导致工业企业、交通基础设施等与生活区相距过近，不断激发环境邻避风险。从演化特点上，风险传播快、传导性强，新媒体传播途径助推风险从苗头到集体反对维权时间短，风险防范化解的窗口期大幅缩减。

3.3　国内垃圾邻避事件典型案例

3.3.1　浙江中泰垃圾焚烧项目

(1) 事件概述

2014年4月，杭州市政府公布了位于余杭区中泰乡的垃圾焚烧发电厂项目。该项目计划分为两期建设，以应对杭州日益增长的

垃圾处理难题。但是当消息传播出去之后，迅速在城西地区引发了广泛的关注和讨论。部分居民担忧该建设可能对人体以及居住环境造成不良的影响，多次组织集会进行抗议。

(2)发展历程

2014年4月，为解决城中日益堆积的垃圾难题，杭州市公示了中泰的垃圾焚烧发电厂项目。

5月7日，中泰垃圾焚烧发电厂项目的施工车辆进入九峰村拟定的垃圾焚烧厂位置，引起附近居民的强烈反对和聚集，最后以施工团队难以承受舆论压力撤走而告终。

5月10日，抗议行为达到高潮，在少数不法分子的恶意煽动下，余杭中泰及其周边区域的人们纷纷聚集，进行了一场大规模的示威。人们封锁了02省道和杭徽高速公路，阻碍交通的正常运行。在这场混乱中，部分心怀不轨的人更是肆意妄为，对过往车辆进行打砸，并对执法管理人员以及无辜的群众进行了围攻和殴打，群众及执法人员均受到不同程度的伤害。部分民众纷纷记录下了现场冲突的激烈场面。他们将拍摄的视频和照片迅速上传至互联网，这些影像资料很快就在各大社交媒体平台上被大量转发。随着信息的迅速传播，民众对于该事件的不满情绪也随之高涨。这场由局部冲突引发的舆情风波，一时间成为社会关注的焦点。然而，尽管情绪激愤，但大部分民众仍保持着理性和克制，他们希望通过合法途径来解决问题，而不是采取过激的行动。在互联网的推动下，这场局部冲突事件的影响力逐渐扩大，引发了社会各界对于相关问题的深入思考和广泛讨论。

直至5月11日凌晨，政府宣布垃圾焚烧厂项目中断建设进程后，事态才得以逐渐平息。该项目建设的最初目的是帮助缓解城西日益加剧的生活垃圾处理问题。然而，部分周边居民却对该项目抱有疑虑。他们担心焚烧过程中可能产生有害物质会对空气质量、水源安全乃至人体健康造成破坏。尽管杭州市政府表示在选址规划上已充分考虑了地理环境、城市规划的合理性以及对周边交通和市民生活的潜在影响，但中泰垃圾焚烧厂项目依旧引发了邻避效应。

2015年9月，由于实在难以解决城中垃圾处理的问题，杭州市政府只能宣布重启垃圾焚烧项目。但这次项目在通过一系列审核评估之后，还邀请多位市民去往其他城市，如南京、广州等参观环境能源项目，充分保障了公民的知情权和参与权。最终项目重启成功并顺利完工，投入运营。浙江中泰垃圾焚烧厂邻避冲突管理时间轴如图3-9所示。

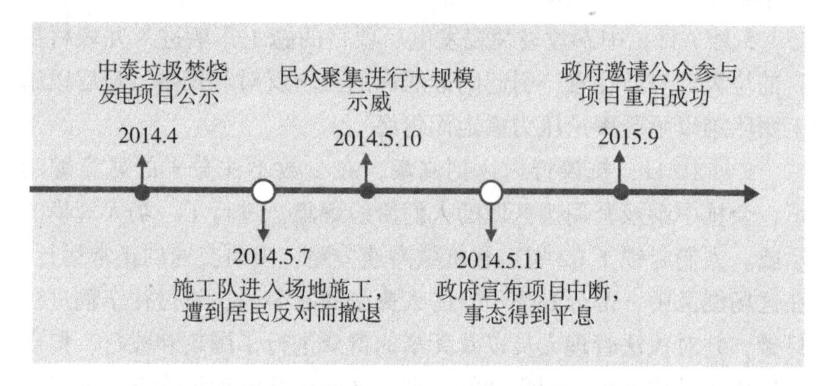

图3-9　浙江中泰垃圾焚烧厂邻避冲突管理时间轴

(3)反思总结

项目利益的不均衡是导致情绪扩大化的重要原因，具有权威性的地方政府作为公共利益的代表者，其利益诉求主要体现在社会公共利益和政府自身利益两个方面。一方面，地方政府致力于解决城市垃圾处理的难题，提高环境质量；另一方面，他们希望通过项目建设带动当地经济发展，提升政府形象。然而在此事件中，由于信息透明度和公众沟通不足，导致了人民群众的不信任和反对。作为项目的执行者，企业关心的是项目的经济效益和声誉。企业的目的是项目能够顺利推进以实现盈利目标。然而，政府所想要解决的问题和企业想要达到的目标是以周边居民的利益作为交换的，所以受到伤害的居民作为直接的利益相关者，必然会关心项目对环境和健康的影响，从而反对垃圾焚烧厂的建设[158]。

有效的舆论引导能够降低邻避事件所带来的损失。在浙江中泰垃圾焚烧事件中，舆情的迅速扩散和升级给政府带来了极大的压

力，关键舆情监测和应对机制的缺乏使政府难以把握舆论走向。因此再有此类事件发生时，政府应及时采取有效措施，建立相关舆情监测和应对机制，密切关注社会舆论动态。对于负面舆情，要积极采取措施进行引导和化解，避免事态进一步升级。同时，政府也应加强与媒体的沟通与合作，通过媒体发布权威信息、引导舆论走向、澄清谣言以安抚民众。

3.3.2 广东番禺垃圾焚烧项目

(1)事件概述

广东番禺区，作为广州市的一个重要区域，因其经济发达、工业产业聚集，人口众多，导致垃圾日产生量巨大。为了应对广州市日益严峻的垃圾问题，市政府决定建设垃圾焚烧发电厂。经过审慎考量，这一设施的建设地点最终选定在番禺区大石街会江村与钟村镇谢村之间，但由于这一区域紧邻人口稠密的住宅区，因此，有关在此地建设垃圾焚烧发电厂的计划迅速引起了周边居民的担心。面对这一决策，近百名业主纷纷表达了对该项目的反对意见，并自发组织了一系列抗议活动，以表达他们对潜在环境影响和健康风险的担忧。鉴于公众舆论的强烈反响，原本规划中的番禺垃圾焚烧厂建设项目被迫暂时搁置。此后广东番禺区区长召开座谈会表示，“环评不通过不动工，绝大多数群众反映强烈不动工”。

(2)发展历程

2009年2月，广州市政府正式发布通告，公布了垃圾焚烧发电厂的建设计划和时间表。同年4月，番禺区市政园林局获得国土部门审批，通过了土地预审报告，开始预备征地方面的工作。

2009年9月起，居民开始通过各种渠道，包括媒体和网络，了解到垃圾焚烧发电厂的建设计划。他们开始担忧这一项目可能带来的环境污染、健康风险以及对生活质量的潜在影响。10月，随着反对声浪的不断升高，数百名居民发起了一场签名反对建设垃圾焚烧发电厂的抗议活动。他们集资印发传单并主动发放。表达自己的担忧和不满，希望政府能够重新考虑这一决策。其中，一些业主代表还积极联系政府部门和媒体，希望能够引起更多人的关注和重视。他们通过写信、电话、网络留言等方式，向政府部门表达了自己的诉求和担忧。

2010 年 11 月 22 日，广州市政府召开新闻通报会，会上政府明确表明“将坚定不移地推动垃圾焚烧项目的实施”。政府的强硬态度让业主怒气横生。与此同时，CCTV（中央电视台）对广州番禺垃圾焚烧厂这一全国瞩目的公共政策事件进行了公开报道，这一事件迅速在全国范围内引发了广泛关注和热烈讨论，社会影响力显著。

2010 年 11 月 23 日，由于垃圾焚烧建设计划仍然在持续进行，附近小区的业主们一起去往广州市城管委的接访地点，等待与政府部门的沟通机会，想得到一个解释。在未能立即得到满意的答复后，他们又集体前往附近的市信访局继续上访，表达他们对此项目可能带来的环境影响的担忧。面对业主们的强烈诉求和坚定立场，政府意识到了事态的严肃性和严重程度，广州市有关负责人在接访时郑重表示：关于垃圾焚烧发电厂的建设项目，将严格遵循“环评不通过不允许动工”的原则，并且若“绝大多数群众反映强烈”，项目决不会动工。

2011 年 4 月 12 日，番禺区政府召开新闻发布会，表示根据各方论证从五个备选垃圾焚烧厂中确定项目建设地址。

2012 年 11 月番禺区政府再次发布通告，进行环评公示，并开展公众活动广泛收集意见。

2012 年 7 月，将垃圾焚烧厂改名为资源热力电厂，并于 2013 年 6 月举行奠基仪式。

2017 年 2 月，正式投入使用。

广东番禺垃圾焚烧厂邻避冲突管理时间轴如图 3-10 所示。

（3）反思总结

从第三方媒体的角度看，媒体对垃圾焚烧发电厂项目进行了及时的报道和深入的调查，向公众传递了项目的相关信息和背景，为公众提供了了解和参与的机会，也对舆论进行了有效的引导。以往，新闻媒体主要扮演政府声音的传播者角色，其报道和政治导向

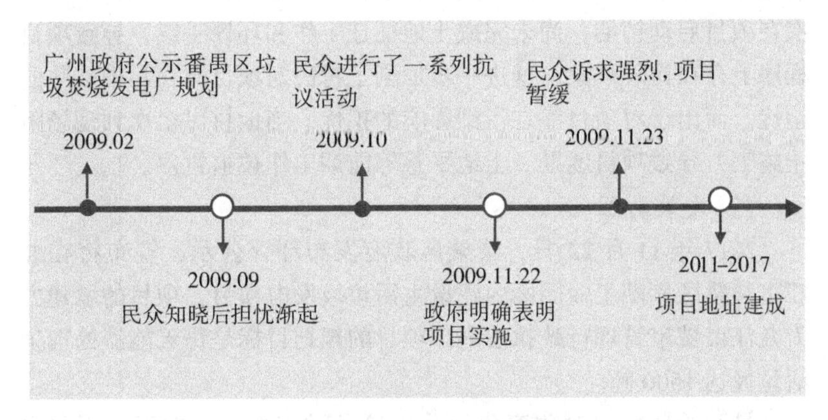

图 3-10　广东番禺垃圾焚烧厂邻避冲突管理时间轴

深受政府控制的影响[159]。然而，随着社会发展，新闻媒体逐渐展现出对多元思想和意见的包容，顺应了时代的发展趋势。它们不仅致力于宣传国家政策，同时也积极回应社会诉求，形成了国家政策宣传与社会声音回应并重的双重职能，使得新闻媒体成为沟通政府与社会、传递多元声音的重要桥梁。

从政府的角度看，决策者的执政风格在处理邻避冲突时确实扮演着至关重要的角色。在广东番禺垃圾焚烧发电厂事件中，政府通过积极回应公众质疑、进行环保评估、提出综合处理方案、加强宣传和教育以及建立反馈和监督机制展现出了政府应有的担当。这些做法极大地增强了当地居民的公众信任度，为未来的公共决策提供了有益的借鉴。

3.3.3　江西九江垃圾焚烧项目

(1)事件概述

江西九江生活垃圾焚烧发电项目由中国光大国际有限公司投资兴建，原计划建设在柴桑区赤湖工业园内，预计总投资 10 亿元，占地面积 300 亩，计划于 2018 年 12 月投产。然而，在项目筹备和初期施工阶段，就遭遇了来自附近村民的强烈反对和抗议。首先项目选址靠近居民区和农田，这引发了村民对选址合理性的质疑。其次在项目启动初期，尚未完成土地征迁工作和环评手续，导致项目程序上存在违规现象。这进一步加剧了村民对项目潜在污染威胁的担忧。而出于对项目潜在污染影响的担忧，当地村民多次到现场阻止施工，导致项目地勘、土地平整等前期工作被迫暂停。

(2)发展历程

2017年11月22日，柴桑区政府发布环评公示，宣布将在九江市柴桑区赤湖工业园区内建设生活垃圾发电项目，项目的承建方为九江市城市管理行政执法局。项目的规划目标是每天能够处理生活垃圾达1500吨。

最开始村民们对政府公示并未给予过多关注。然而，不久之后，有村民发现，在村西头的水田中，有大型机械在进行勘探作业，这一不平常的举动立即引起了村民们的注意。经过多方打听和确认，村民们得知这里将建设一座垃圾焚烧发电厂，该消息在村子里迅速传开，村民们担心这会对身体健康和周边环境造成一定程度的伤害，决定采取行动制止这一行为。

到2018年1月份，形势变得严峻起来。有民众牵头起草了一份联名信，明确表达了对即将在村里建设的生活垃圾发电项目的反对立场。在全村的4000多名在籍村民中，有高达1000余人积极响应，纷纷在联名信上签下自己的名字并郑重地按下了手印，以示他们的坚定立场和共同意愿。为阻止建筑工队施工，村民联合起来采取了一系列强硬手段，待其离开后。为预防施工队去而复返，村民决定轮替看守。他们在水田高地搭起简易房，设立休息区。白天有20余人看护，夜里则由5位老人值守。

4月18日，由于损坏了光大集团施工地的摄像头，几名当地村民被柴桑区公安局传唤并遭到刑事拘留。次日，为了表达对当地政府未对施工问题作出回应的不满，一些村民采取了拉横幅、游行等抗议行动，随后被处以行政拘留10日的处罚。

2018年4月26日，九江市人民政府门户网站发布第二次公示，但公示中的拟建地点坐标与第一次公示有所不同，为之后的选址风波埋下了伏笔。

直至8月中旬，江苏环科院公布更换选址的建议。

江西九江垃圾焚烧厂邻避冲突管理时间轴如图3-11所示。

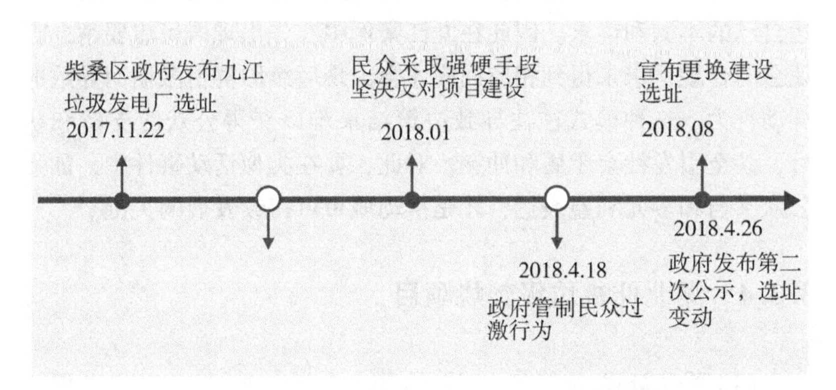

图3-11 江西九江垃圾焚烧厂邻避冲突管理时间轴

(3)反思总结

政府决策的公开透明是减少公民邻避情结的有效途径。在此事件中，政府公示中表明项目位于九江市柴桑区赤湖工业园内，但实际选址与工业园直线距离超过5公里，这种选址的变动未能及时、准确地向公众传达，加剧了村民对项目的不信任感。在选址过程中，政府也未能充分考虑到附近居民的生活条件和健康权益以及项目可能带来的环境风险，这导致了邻避情结的产生。此外，项目环评过程中缺乏公众的实质性参与，导致公众对项目可能产生的负面影响了解不足。这种忽视加剧了公众的担忧和不满，导致了邻避情结的加剧和扩大。因此为了确保项目的科学性和合理性，以及减少邻避情结的产生，政府和企业在项目决策和推进过程中应更加注重公众的参与和意见表达。同时，政府还应加大对环保项目的监管和管理力度，确保项目能够真正符合环保要求和公众利益。

该事件也反映了我国在城市规划和环境决策中存在的问题。长期以来，城市规划和环境决策往往由政府或少数专家主导，缺乏广泛的公众参与和多元化的利益表达，并且在决策模式中政府与公民的参与地位不平等的问题突出[160]。公众往往被迫处于被动的信息接收和不断询问的地位，感到自身权益被忽视。而当他们发现自己的诉求在国家体制内总是无法得到尊重和满足时，他们便会逐渐失去对这种正式沟通渠道的信任，转而去进行体制外的抗议活动以表达自己的不满和诉求。因此在九江案例中，先出现居民想要举办听证会的合理诉求未得到相应回应才会出现后续因群情激愤而导致的冲动行为。这种模式往往导致决策结果难以获得公众的支持和认可，甚至引发社会矛盾和冲突。对此，要在类似活动事件中，加强公众参与和多元利益表达，才是推动城市可持续发展的关键。

3.3.4 湖北仙桃垃圾焚烧项目

(1)事件概述

随着湖北仙桃经济总量和人口总量的不断增长，垃圾产量也压得这个城市喘不过气来，仙桃市政府在2015年11月与盈峰环境科技集团正式合作后，生活垃圾焚烧发电厂项目开始筹备开工建设，该项目获得了省环保厅批复、省发展改革委批复同意。但由于信息发布渠道的限制以及宣传力度的不足，许多当地居民并未及时得知这一项目的详细信息。项目在施工过程中未在显眼位置处也未设立标语或公告，使得项目附近的居民甚至对其具体用途一无所知，从而产生担忧、害怕心理。因此，仙桃市的居民们聚集游行，以这样的方式表达他们对该建设项目的强烈不满。

(2)发展历程

2013年，即4月，湖北省的仙桃市垃圾焚烧发电项目得到了省环保厅的正式批复。

2016年6月21日，关于仙桃垃圾焚烧项目建设的消息陆续在本地论坛、微信群、朋友圈等媒介上传播，引发大量民众关注项目建设情况。

2016年6月23日，网友组建了“仙桃市垃圾焚烧项目维权”的微信群，并在微信群内发布国内外停止建设垃圾焚烧发电项目的实例，激发民众抵制仙桃垃圾焚烧发电项目建设的决心。

2016年6月24日，中国仙桃网发布“仙桃市生活垃圾焚烧发

电项目”正式奠基开工建设的消息，得知消息的民众情绪更加激动。民众对政府是否能够有效监管垃圾焚烧厂的生产经营行为，以及垃圾焚烧厂是否能规范运作等问题持怀疑态度。

2016年6月25日，关于仙桃市生活垃圾焚烧发电项目即将接受专家组评估的消息在微博和其他社交媒体平台上迅速传播开来，网友们对此众说纷纭。信息传播的迅速性和广泛性让部分对项目真相不甚了解的群众对此产生了误解和担忧，进而产生了抵制仙桃市生活垃圾焚烧发电站项目工程的情绪。这一事件迅速引起轰动，各界关注逐渐深入。

2016年6月25日晚，为了及时回应公众关注焦点，仙桃市委、市政府迅速行动，召开了生活垃圾焚烧发电项目新闻通气会。在会议上，以市委副秘书长王中林、市城管局局长刘行兵等为代表的相关部门官员出席，对于目前群众最为关心的话题作出了一一回复。也承诺将进一步加强与市民的沟通与交流，确保项目的透明度和公众的参与度，以便更好地解答市民的疑虑，消除误解，推动项目的顺利进行。

2016年6月26日上午，该事件持续发酵，事件冲突再次升级，由游行抗议上升到暴力冲突，当地政府出动警力对事件进行平息。仙桃市政府还以生活垃圾焚烧发电项目工程建设指挥部的名义，就垃圾焚烧发电项目建设的迫切性、安全性以及政府监管等民众关心的问题进行了解释和说明。

2016年6月26日12时，考虑到当前部分市民对此项目仍不放心，项目工程建设指挥部进行了深入研究与全面评估，经市政府批准，暂缓了项目建设。民众的诉求得到满足，事态逐步平息。

针对该事件的政府态度，政府一直强调这个项目的目标是解决市民的生活垃圾处理问题，并且使用了国际领先的逆推式、倾斜多级炉排的机械炉排炉技术。在这些技术中，二噁英的排放指标超过了国内的排放标准，达到了全球最严格的欧盟Ⅱ标准。但由于项目开发初期政府及相关建设集团并未充分告知民众项目的具体情况，也没有进行居民相关态度的调研，导致群众对项目产生了疑虑和抵制情绪。在政府举行新闻通气会并解释项目情况后，一些民众开始理解并支持项目，但仍然存在不少异议。经过政府的评估，与民众的沟通和解释，仙桃市政府决定停止该垃圾焚烧发电项目的建设实施。

2016 年 11 月 26 日，为继续推进垃圾无害化处理，仙桃市正式成立了循环经济产业园建设专项指挥部，致力于引领和推动当地循环经济的健康发展，为构建资源节约型、环境友好型社会作出积极贡献。

2017 年 4 月 5 日，在整个过程中，仙桃市政府深刻认识到与群众沟通不充分带来的负面影响之大，因此在仙桃市展开了答疑解惑的宣传教育活动。

2017 年 4 月 19 日，仙桃市第九届人大常委会第三次会议批准《关于重启生活垃圾焚烧发电项目、加快建设循环经济产业园的议案》。

2017 年 4 月 28 日，组织工作组入户调查，发放并回收调查意见表，调查结果显示，民众最终对垃圾焚烧发电项目的支持率高达 99%。

2017 年 5 月 3 日，在民众的支持下，项目原址重新启动建设。

2018 年 4 月 15 日，项目经过全面准备，进入投产试运行阶段，此次事件落下帷幕。

湖北仙桃垃圾焚烧厂邻避冲突管理时间轴如图 3-12 所示。

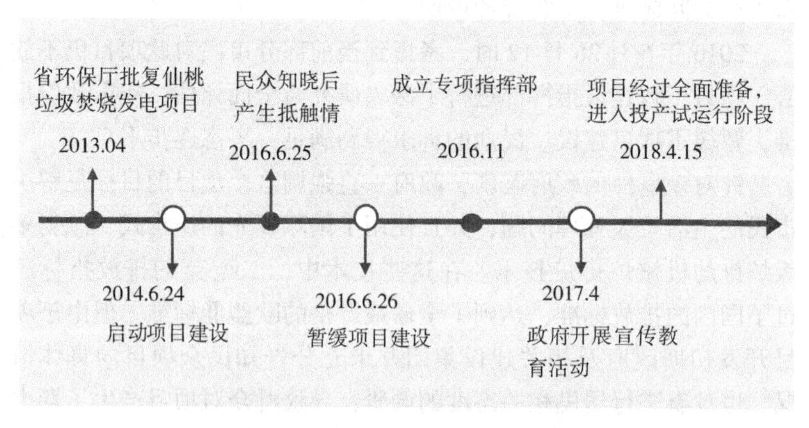

图 3-12　湖北仙桃垃圾焚烧厂邻避冲突管理时间轴

(3)反思总结

政府治理模式的强制单一便造成此次邻避事件冲突升级的重要因素。在本事件中，政府作为唯一的主导方，并没有在事件初现端倪时采取有效应对措施，反而在选址、运行以及潜在危害等关键信息的披露上采取保守态度，有时甚至选择刻意隐瞒。在民众反动情绪明显时，也不惜动用强硬手段来镇压冲突，以维护其决策的稳定性和权威性。这种情境下的政府决策，虽然确保了决策过程的高效和统一，但也在一定程度上忽略了公众的权利地位。如今社会随着公众民主意识的增强，对于政府决策透明度和公众参与度的要求也越来越高，因而如何在保障政府决策效率和权威性的同时，又能满足公众的知情权和参与权，成为邻避设施选址决策中亟待解决的问题[161]。

湖北仙桃垃圾焚烧发电厂事件作为一个典型的“邻避效应”案例，反映了公众对于环保和健康的关注。通过政府与民众的沟通、解释和评估，最终才找到了一个符合大多数民众意愿的解决方案，但其中也折损了不少时间成本和人力、物力成本。因而注重周边居民的感受，最大限度地降低对周边居民的影响，以提升垃圾焚烧发电厂在居民心中的形象，才能使得类似邻避设施的规划选址更容易为周边民众所接纳。

同时，对于环境风险的监控，没有谁比那些可能直接受到影响的潜在受害者更有决心。在当前中国社会中，在关于环境保护的信用体系尚待完善的背景下，垃圾焚烧发电项目必须采取更加透明和开放的态度。这意味着项目必须向整个社会，特别是那些作为潜在受害者的社区居民，全方位地展示其运营情况和环境影响。只有接受来自社会各个层面，尤其是社区居民的全方位监督，项目才能真正获得公众的信任，顺利建设并长期发展。

第4章　基于复杂系统涌现性的垃圾邻避危机情景演化分析

系统的演化通常是各要素相互耦合作用的结果，垃圾邻避危机是复杂性危机，垃圾邻避危机情景演化具有复杂系统涌现性的特征，理清垃圾邻避危机情景演化动因能够把握垃圾邻避危机形成的机理和发展脉络，对于垃圾邻避危机的识别、转化具有重要的理论和实践意义。

4.1　垃圾邻避危机情景演化涌现性

4.1.1　垃圾邻避危机情景演化的涌现性特征

涌现现象是复杂系统的本质属性，系统要素在外界环境的诱导下发生不规则的耦合作用，系统的复杂性、动态性和不确定性不断增加。深入剖析涌现现象有助于深化对复杂系统的认识。垃圾邻避危机情景演化的涌现性特征体现在以下几个方面。

一是影响因素的多元性。从利益相关者的宏观角度来看，垃圾邻避危机的影响因素有当地政府、垃圾邻避设施运营企业、垃圾邻避设施周边居民、专家、媒体、环保社团以及非政府组织等子系统。这些行为主体是系统产生涌现现象的基本组成条件，其思维、

立场及行为等主导着垃圾邻避危机情景演化网络的方向。从基于风险感知的微观视角来看，垃圾邻避危机受设施负外部性、成本-收益不平衡、政府封闭决策、信息选择性公开以及利益表达渠道受阻等因素的影响，各要素之间不断地相互作用，引致垃圾邻避危机的爆发。

二是影响因素的互动性。垃圾邻避危机情景演化复杂系统内部包含各种子系统，各子系统之间相互独立且相互影响。不同利益主体根据自身立场以及认知会产生不同的行为策略，垃圾邻避危机在产生和演化的过程中不断出现新的阶段性要素，这些新要素再与利益主体子系统不断地相互影响、相互作用，系统涌现水平随着新要素的增多以及互动关系的频繁增加而不断上升。

三是影响因素的耦合性。垃圾邻避危机各利益主体之间不断进行信息的传递与交换，在此密切的动态交互过程中，各利益主体的关注焦点和认知不断发生改变，情景演化网络中影响因素的耦合作用导致涌现现象的发生，由此垃圾邻避危机情景演化网络随着演化阶段的改变而展现出不同的特性。

4.1.2 垃圾邻避危机情景演化的涌现性方向

垃圾邻避危机情景演化的涌现性可分为增效涌现性和减效涌现性。系统内部功能和结构在有效重组之后，各要素之间的协调性提高，这些逐渐积累的优良性质，使得系统整体的功效大于各部分简单相加的功效，即垃圾邻避危机情景演化系统朝着良性方向发展。在垃圾邻避危机情景演化的平息阶段往往表现出良性发展的路径，各利益相关主体在前期不断对话及协商的过程中，关系不断趋于缓和，态度逐渐趋于冷静，行为不断趋于理性，整个系统在此良性循环下稳定运转。

与之相反，复杂系统的不确定性因素越多，复杂性程度就越高，越容易受到外部环境的干扰，如系统的功能和结构在外部环境的影响下逐渐紊乱，各要素及子系统之间的相互作用关系开始崩塌，系统结构的脆性开始不断显现，功能也逐渐失调。这种负能量积累到一定的点就会爆发，最后导致系统的全面崩溃，此过程即为垃圾邻避危机情景演化涌现的减效发展方向。这种情况往往发生在垃圾邻避危机情景演化的潜伏、爆发和持续阶段，当居民得知当地要建设垃圾邻避设施时，通过各种渠道收集和扩散消息，居民子系统开展聚集抗议形式的单层次涌现性，当居民子系统的要素与其他利益主体子系统的要素相互耦合时，整个系统的结构和功能关系开始变得错综复杂，垃圾邻避危机情景演化上升到以暴力冲突为表现形式的高层次涌现。垃圾邻避危机情景演化涌现性过程如图 4-1 所示。

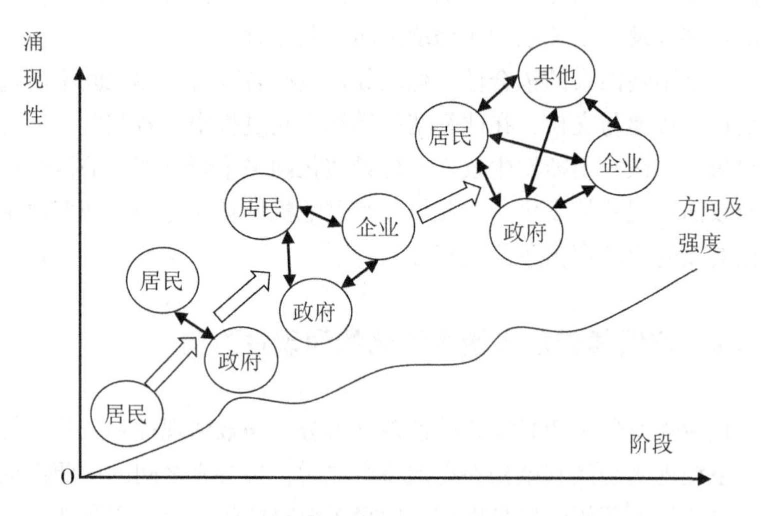

图 4-1　垃圾邻避危机情景演化涌现性过程

由图 4-1 可知，理解引发垃圾邻避危机情景演化涌现性可从影响主体、内在动力和外在条件三个方面进行分析，影响主体是可能引致复杂系统涌现性的基本爆发“点”，包括居民、政府、企业和其他主体。内在动力是影响主体改变行为和态度导致系统涌现性趋于复杂的链接“线”，其决定涌现的方向及强度。外在条件是开放系统受信息、物质和能量的刺激导致系统运行秩序发生改变的网络“面”，在不同的阶段下影响涌现性向减效和增效方向波动。

4.2 典型垃圾邻避危机情景演化的影响因素

4.2.1 研究方法与数据

(1)扎根理论

扎根理论是一种系统性的定性研究方法，其针对某一研究主题，对收集到的原始资料进行深度的分析、提炼、总结和抽象，通过概括核心概念，自下而上地构建实质理论，因此适用于复杂因素识别、动态过程解读和共性规律挖掘[162]。

本书选择扎根理论的原因主要有：①扎根理论重在系统性地分析原始资料的信息，有利于全面把握和挖掘垃圾邻避危机演化动因之间的互动关系。②已有的关于垃圾邻避危机的研究成果中，关于问题、成因、对策等定性研究较多，且较多详细的案例分析，这些文献资料为开展扎根理论分析提供了丰富的资料来源。③扎根理论是在大量原始数据资料的基础上进行综合分析，有利于克服单一案例研究的局限性，可以从不同的角度全面了解垃圾邻避危机情景演化机理，对探索垃圾邻避危机情景演化的理论建构具有重要的价值。

(2)研究数据

垃圾邻避问题与各国的政治体制、社会发展、经济水平、科技创新、文化特征等背景息息相关，为避免国外垃圾邻避危机治理“水土不服”的现象，应该基于我国地域上发生的垃圾邻避危机事件进行综合分析，从而因地制宜，制定符合我国情况的垃圾邻避危机治理范式。基于此，本书对国内典型垃圾邻避危机事件进行分析，为保证案例资料来源的全面性和可靠性，通过以下途径获取案例资料。

第一，通过网页途径确定典型案例。首先以“垃圾邻避”“垃圾焚烧”等关键词，通过选取多样性、代表性的网络平台，如百度、谷歌、政府官方网站、微博、微信、垃圾邻避相关专业网站和论坛等方式，广泛收集国内垃圾邻避危机事件并建立案例库，共得到35个初步的典型案例库。其次确定典型案例筛选遵循的原则：一是所选案例具有代表性，即该案例引起的影响度高、扩散范围广、持续时间长，事发时社会民众关注度高，媒体进行了广泛的报道，政府给予了高度的重视，事后学界进行了深入的研究；二是案例类型具有多元性，所选的案例既包含不同地区、不同年份暴发的垃圾邻避危机事件，也包含同一地区、不同年份暴发的垃圾邻避危机事件，通过空间和时间的横向和纵向对比，增强样本的代表性；三是与垃圾邻避危机案例相关的信息要具有全面性，案例描述应当包含学术文献、媒体网页报道、微博公开资料、政府公告等多种类型的资料。最后根据上述典型垃圾邻避危机案例筛选标准，对所获数据资料进行反复研读与对比，筛选出26个典型案例作为最终研究样本，根据典型案例被选中的先后顺序对事件进行汇总，为了便于分析，用A~Z进行编号排序，我国垃圾邻避危机典型案例库如表4-1所示。

表4-1　我国垃圾邻避危机典型案例库

编号	事　　件	时间	编号	事　　件	时间
A	北京六里屯垃圾焚烧项目	2006.12	N	安徽太湖垃圾焚烧项目	2018.05
B	北京阿苏卫垃圾焚烧项目	2009.05	O	江西九江垃圾焚烧项目	2018.04
C	天津双港垃圾焚烧项目	2009.08	P	湖北汉口北垃圾焚烧项目	2009.03
D	天津蓟州区垃圾焚烧项目	2016.06	Q	湖北锅顶山垃圾焚烧项目	2014.03
E	上海江桥垃圾焚烧项目	2008.11	R	湖北仙桃垃圾焚烧项目	2016.06
F	上海松江垃圾焚烧项目	2012.05	S	湖北阳逻垃圾焚烧项目	2019.06
G	河北秦皇岛垃圾焚烧项目	2009.04	T	湖南湘潭垃圾焚烧项目	2014.01
H	江苏天井洼垃圾焚烧项目	2006.10	U	广东番禺垃圾焚烧项目	2009.09

续表

编号	事　件	时间	编号	事　件	时间
I	江苏吴江垃圾焚烧项目	2009. 10	V	广东花都垃圾焚烧项目	2009. 12
J	江苏无锡垃圾焚烧项目	2011. 04	W	广东博罗垃圾焚烧项目	2014. 09
K	浙江余杭垃圾焚烧项目	2014. 05	X	广东肇庆垃圾焚烧项目	2016. 07
L	浙江海盐垃圾焚烧项目	2016. 04	Y	广东郁南垃圾焚烧项目	2019. 06
M	安徽舒城垃圾焚烧项目	2018. 05	Z	海南万宁垃圾焚烧项目	2016. 11

资料来源：作者自制

第二，采集并筛选垃圾邻避危机典型案例的网页数据。在百度等搜索引擎上将典型案例库中事件名称分别与“垃圾焚烧”“邻避”“危机”中任一词语组合进行搜索。以网页可及、内容最相关、信息最充分为标准筛选出最相关网页。

第三，检索并筛选垃圾邻避危机典型案例的文献资料。在中国知网上将典型案例库中事件名称分别与“垃圾焚烧”“邻避”“危机”中任一词语组合进行主题检索，共得到符合要求的研究文献 201 篇。然后仔细阅读文献原文进行第一次整理，着重研读研究对象、案例描述、结果讨论，关注其中是否有与被检索的垃圾邻避危机事件相关的陈述，经过此次整理共得到 112 篇符合要求的文献。而后，将 112 篇符合要求的文献进行第二次整理，当多篇文献研究都是探讨同一案例或者某一篇文献是同时探讨某几个典型案例时，需要根据文献陈述的角度和立场，对所有文献进行“求同存异”的筛选，保证每个典型案例有多篇无重复的、有代表性的文献，按此思路，本书最终得到 69 篇符合要求的文献。

由于研究的对象是 2006—2019 年中国垃圾邻避危机事件，在 26 个垃圾邻避案例中有 11 个案例发生的时间是 2011 年及以前，由于信息时效性、中国政府官员任职等原因，在现阶段情况下，通过访谈和实地观察等方式直接获知当时垃圾邻避危机的来龙去脉变得较为困难。为了弥补这方面的不足，一方面在网页筛选过程中，参考官方网站、官方微博、官方微信公众号等代表官方立场及态度的信息，力求客观地反映垃圾邻避危机事件发生过程中政府与民众沟通互动的情况。另一方面，在每个垃圾邻避危机事件相关文献的筛选过程中，着重参考有深度访谈和实地观察获得一手数据的文献，间接了解垃圾邻避设施宣传者及政府等利益群体的立场。

4.2.2　数据编码

利用文本数据分析软件 NVivo11 对构建的垃圾邻避危机典型案例库进行编码分析。根据扎根理论对搜集的垃圾邻避危机案例数据进行质性分析，主要研究路径是按照开放式编码、主轴式编码和选择式编码形成最终的编码，并对最终编码进行解释，总结垃圾邻避危机的原因，形成整合式理论模型。

(1)开放式编码

开放式编码是对所收集的原始数据进行标签化、概念化的过程。具体而言，首先详细地阅读原始数据资料，对收集到的文献和网页资料进行逐句、逐词的分析，在每个典型案例中，以某一个资料为基模，忠实于原始数据所表达的观点，记录表明垃圾邻避危机影响因素的语句，对候选的语句进行贴标签处理，记为 Ai，然后将积累的信息进行概念化，形成初步分类，记为 a_i，接下来逐次对其他支撑数据重复上述初步概念化工作，不断补充、概括新的初步概念，直至信息饱和为止，从而保证提炼的初始概念能够全面概括所有原始数据包含的信息。最后通过对所有初步概念进行反复验证和类属化分析，综合凝练出初始范畴。

以垃圾邻避危机情景演化为核心主题，对所有的数据信息进行全面细致的贴标签处理，得出了垃圾邻避危机初步概念集合，由于篇幅限制，部分结果如表 4-2 所示(摘录部分典型数据资料)，完整结果见附录 A。

表 4-2 垃圾邻避危机情景演化开放式编码(部分节选)

案例编号	案例摘录	初步概念集合
A	A1 个人不愿为政府的规划失误“买单”，政府也必须尊重和保护人们的生存权利和生活质量 …… A6 让人看到希望的是民众维权的意识日渐增强 …… A11 通过制定合理的经济利益补偿标准、科学选址，做好城市规划、决策过程民主化以及强化对垃圾焚烧厂的监管，能够较好地治理邻避冲突 ……	a1 规划失误 a2 生存权利和生活质量 …… a12 维权意识 …… a22 政府监管 ……
…	…	…
M	M1 村民认为选址不妥，先后于 5 月 28 日、6 月 1 日两次到县里陈诉民意，恳请领导重新审视选址问题，但未获答复 …… M4 舒城海创环保科技有限责任公司的注册时间是 2018 年 2 月 11 日，无历史成功经营案例 M5 政府部门宣传其已经达到欧美处理技术水平，但村民认为项目理论性的可行性报告数据并不能代表什么 …… M8 现在居民开始关注户外环境，忧惧邻避设施的负外部性、风险的不确定性 ……	m1 陈述民意 m2 企业经营 m3 项目可行性 …… m8 邻避设施负外部性 m9 风险不确定性 ……
N	N1 5 月 1 日、2 日安徽安庆市太湖县新仓镇众多居民来到县城，聚集在县政府前抗议垃圾焚烧发电厂。据当地居民刘先生说，此前，他们已经连续上访近半个月 ……	n1 聚集、上访 n2 企业资质 ……

续表

案例编号	案例摘录	初步概念集合
N	N3 招标公告中要求企业正常运营一年及以上，然而皖能电力到目前为止只成立了不到半年 …… N5 垃圾焚烧发电厂离最近的居住区只有 330 米，大部分不到 1 千米，当地居民担心垃圾焚烧发电厂离居住区太近会影响身体健康 ……	n4 离最近的居住区只有 330 米 n5 影响身体健康 ……
…	…	…
Z	Z1 居民到市政府集聚表达诉求与警察发生冲突 …… Z8 最后，因为民众的风险规避心理，更易关注环保设施带来的负面效应，倾向于自我保护，拒绝与环保设施为邻 …… Z10 另一方面也因为经济补偿难以定量核算的原因，极易产生“不平衡”心态，进而导致不满情绪的滋生蔓延	z1 聚集表达诉求 …… z18 民众风险规避心理 …… z20 不平衡心态

资料来源：作者自制

经过对数据资料详细的开放性编码分析，最终从中抽象出 514 个初始概念和 43 个初始范畴。由于篇幅有限，本书只截取部分开放式编码初始范畴过程，如表 4-3 所示。

表 4-3　开放式编码初始范畴过程(部分节选)

初始范畴	案例摘录
环境风险	充满环境安全风险；环境风险防范不足；经济和健康关切的深刻原因；潜在污染威胁；水环境造成不良影响；损害居民的环境权

续表

初始范畴	案 例 摘 录
	和身体健康；污染情况严重；现在的污染程度，线性的预测 10 年、20 年乃至更长久的时期内环境不会被恶化；造成更大的环境风险；整日伴随恶臭和有毒烟尘；周围环境质量；担心污染环境，影响生活质量；担心环境遭到破坏
邻避情结	对邻避设施的情绪化评价；公众的邻避情结；邻避情节的不公正感；对潜在危害的现实恐惧；恐惧心理；产生拒绝心理；邻避情结是邻避冲突产生的导火索；不满情绪；村民的不满情绪越积越大；恐惧和抵触；担心污染，担心致癌物、担心臭气熏天；担心垃圾焚烧发电厂离居住区太近会影响身体健康；产生拒绝心理；周边楼盘的业主都显得惶恐不安；邻避情结是邻避冲突产生的导火索；当地居民出于邻避效应产生抵触情绪；民众的风险规避心理
信息公开	监测数据信息；信息公开与风险规避；项目环境信息公示存在严重缺陷；来自政府的权威信息又太少；信息透明度；信息公开透明等；政府事前信息不透明；缺乏有效的信息公开；项目信息不透明；并以此申请政府信息公开；政务信息公开制度不完善；决策信息需公开透明
风险补偿	制定合理的经济利益补偿标准；补偿满意度包括直接补偿、间接补偿；要考虑公众资产受损情况，给予合理补偿才行；利益补偿机制不合理；补偿力度；村民并没有收到补偿款；政府应有适当的补偿机制；补偿措施；补偿方式单一化；费用超过 70 亿元
政府观念	地区经济增长方式不合理，轻视长期利益；组织偏好；组织注意力；公众意见得不到重视；地方政府的价值取向；政府 GDP 政绩观；政府强调公共利益；政府的解释工作没有做到位；政府管理理念偏差；上级政府态度；政府缺乏沟通意识；政府吸纳公民参与的意识欠缺

续表

初始范畴	案 例 摘 录
博弈盟友	环境律师和环境 NGO 人士；相关利益者别有用心地推波助澜；不惜借煽动群体事件之力，来对地方政府施压；环保 NGO；意见领袖；民间政策活动家斡旋；社会组织干预；环保行动组织的支持；第三方客观的评价；非政府组织缺少独立性。
决策模式	使决策程序缺乏透明性、参与性和公正性；决策过程民主化；公共决策机制固化和封闭；对政府封闭决策的反感；公共决策的垄断；地方政府凝闭型决策；政府的封闭式决策；决策者急于上马垃圾焚烧项目，相关职能部门又不愿意另起炉灶，多花时间重新规划；市政府会在充分听取各方面意见后依法决策；质疑政府决策的公正性

资料来源：作者自制

(2)主轴式编码

主轴编码是将开放式编码中得出的独立初始范畴根据事件序列关系、因果关系、情景关系等范式联结在一起的过程。根据初始范畴的典型关系结构，选择最切合研究主题的逻辑关系形成主范畴，同时将初始范畴作为主轴编码的副范畴，如表 4-4 所示。

表 4-4　主轴式编码形成的主范畴

主范畴	副　范　畴
外部环境	焚烧技术环境，社会经济环境
邻避抗争	抗争手段，抗争者特质，舆论发酵，舆论传播
风险认知	环境风险，健康风险，经济风险，感知风险，利益风险，邻避情结
利益博弈	博弈盟友，利益冲突，专家立场，媒体立场
公众信任	政府信任，专家信任，环评信任

续表

主范畴	副　范　畴
公众需求	公众参与，信息公开，公众权利，信息沟通，利益诉求，风险补偿，程序正义
邻避设施选址	选址合理性，设施负外部性，设施公益性，邻避设施距离
企业生产经营	企业行为，企业信誉，企业资质，企业策略，项目收益，垃圾处理补贴
政府响应策略	决策模式，政府治理，应急措施
政府行为与态度	监管机制，城市规划，政府观念，政府行为

资料来源：作者自制

由表 4-4 可知，本书根据不同初始范畴的联系与区别，对其进行了归类和探究，共归纳出外部环境、邻避抗争、风险认知、利益博弈、公众信任、公众需求、邻避设施选址、企业生产经营、政府响应策略、政府行为与态度等 10 个主范畴。

(3) 选择式编码

选择式编码是在开放式编码和主轴式编码的基础上进一步高度抽象和深度比较的过程。通过系统性的分析，串联主范畴和副范畴的关系。从主范畴中探寻核心范畴，以深入探究研究主题的演化逻辑。本书所确定的核心范畴为"垃圾邻避危机情景演化动因"，根据主轴式编码的结论，以潜伏阶段、爆发阶段、持续阶段和解决阶段为"故事线"，可以构建以下逻辑框图，如图 4-2 所示。

由图 4-2 可知，总体来看，垃圾邻避危机情景在不同影响因素的综合作用下不断演化，依据生命周期可以分为危机潜伏、危机爆发、危机持续以及危机解决四个阶段。垃圾邻避危机是在垃圾邻避设施选址过程中，在外部环境、利益主体的认知、行为策略、利益博弈等因素的综合作用下，引发民众抗争的事件。

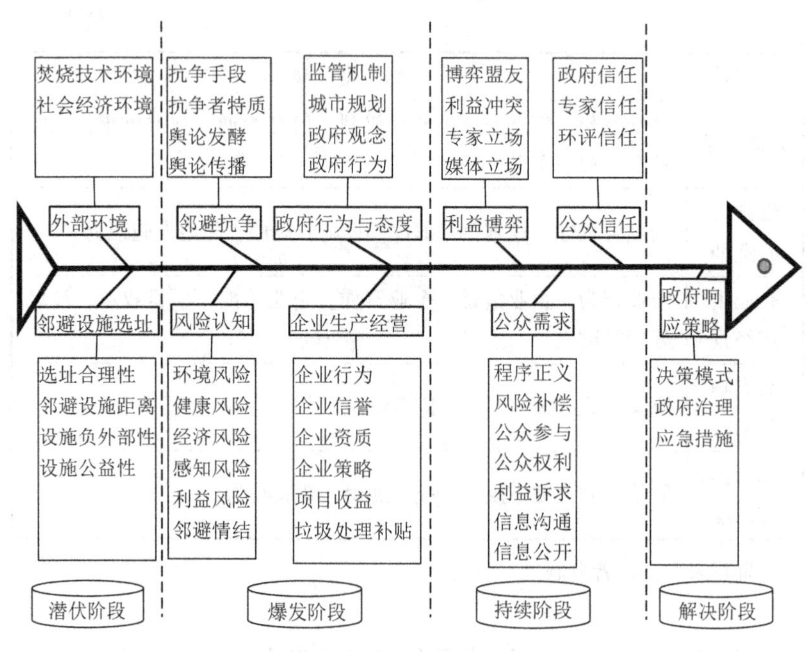

图 4-2　垃圾邻避危机情景演化动因图

4.2.3　垃圾邻避危机演化的生成逻辑

垃圾邻避危机情景演化动因图提供了一个解释性的框架，深入阐释了垃圾邻避危机情景演化的涌现性机理。在此基础上，本节重点讨论在垃圾邻避危机演化过程中，公众的风险认知、政府行为及态度和企业生产经营等内生因素的涌现性(方向、强度和路径)，以及外部环境、垃圾邻避设施选址等外生因素涌现性(方式、范围和过程)。

(1)外部环境和垃圾邻避设施选址是垃圾危机情景演化的重要外力

垃圾邻避危机是在一定外部环境条件下产生的，垃圾焚烧项目的公益属性和负外部性不平衡，垃圾焚烧处理技术发展不充分，以及社会经济发展过程中各种矛盾的积聚发酵等都会引起垃圾邻避危

机的爆发。民众对垃圾邻避设施选址的关注构成了垃圾邻避危机形成与发展的源生动力，一般而言，垃圾焚烧技术越不稳定、距离民众的居住地越近，民众拒绝垃圾邻避设施的态度越强烈。

(2)风险认知是垃圾邻避危机的内在驱动力

风险认知是民众基于自身的生活经验，对垃圾邻避设施项目可能造成的现实或潜在影响的主观判断和评估。风险认知的形成受民众自身教育背景、工作条件、家庭收入和固有观念等的影响，这些关键要素构成了垃圾邻避危机形成的基础条件。风险认知包括以下几个方面：健康风险(如发病率、致癌率、死亡率)、环境风险(如环境污染、生存条件恶劣)、经济风险(如房价下跌、经营成本上升)、利益风险(如"成本-收益"不均)、感知风险(如缺乏安全感、归属感)和邻避情结(如担心、不满、恐惧、抵触等心理)。

(3)邻避抗争是垃圾邻避危机的外在表现形式

垃圾邻避抗争一般沿着"网络讨论"—"线下组织"—"小规模抗议"—"大规模爆发"的逻辑演进。垃圾邻避设施建设相关消息主要通过QQ、微信、微博、论坛等网络形式进行传播，在此过程中产生民众信任的意见领袖，意见领袖通过信息整合、态度输出和情绪传递，进而影响民众中的活跃分子，并组织他们采用质疑、申诉、信访、诉讼等手段反映诉求。现实情况下，政府往往采取漠视、淡化或遮盖处理的态度，导致民众小规模程度抗议。在始终得不到满意解决方案的情形下，民众非理性情绪产生并蔓延，风险认知逐渐扩大，进而引发游行示威、阻塞交通、暴力打砸等大规模行动。

(4)政府行为与态度以及企业生产经营是推进垃圾邻避危机演化重要因素

政府在垃圾邻避危机治理全过程中表现出的行为选择，与其如何看待垃圾邻避项目的社会效益与经济效益有关，如果政府更加注重垃圾邻避设施带来的促进经济发展、增加税收的益处，则会大力推进垃圾邻避项目的建设，如果政府较为注重树立良好形象、增强公众信任，则会通过暂停、迁建甚至永久取消项目的建设以换取社会稳定。政府态度是政府关于垃圾邻避设施建设问题所持的立场，持有的观点以及对民众诉求的反应。政府在垃圾邻避危机治理全过程中表现出的回应态度是触发垃圾邻避危机演化的关键，政府敷衍上访民众、各部门之间互相"踢皮球"、回避、否认、隐瞒垃圾邻避设施建设相关消息，则越易引发邻避抗争行为。垃圾邻避设施具有社会公益属性，因此垃圾焚烧处理企业在追求实现盈利的同时，也要注重提升社会责任感。从某种程度上讲，如果垃圾焚烧处理企业不能赢得民众的信任，则民众对垃圾邻避设施的接受程度就越低。

(5)利益博弈是影响垃圾邻避危机演化的关键因素

垃圾邻避设施涉及的直接利益主体包括政府、邻避设施周边民众和垃圾焚烧处理企业，各主体基于自身诉求，容易结成"利益联盟"，形成利益博弈的格局。一般情况下，政府和垃圾焚烧处理企业往往出于共同的政治、经济利益而结成"利益联盟"。民众在感知利益受损的情况下，积聚相同处境的受损群体走上参与维护权益的道路，不断推动垃圾邻避危机的发展。

间接利益主体在很大程度上会影响垃圾邻避危机的性质与走向。媒体不断地挖掘、跟踪报道热点问题，号召了更多民众参与垃圾邻避设施的讨论，促进了民众参与垃圾邻避运动的热情。通常，媒体报道的时间、频率、表达的观点等信息杂糅，削弱了民众理性的判断能力，影响着垃圾邻避运动的发展方向。环境NGO在垃圾邻避项目得到众多民众关注的情况下，向民众宣传保护环境的观念，此时民众对垃圾邻避设施可能造成的环境污染问题愈发敏感，扩大了危机的影响。

(6)公众需求和公众信任调节着垃圾邻避危机演化的方向

公众需求是公众基于自身基本权利和利益出发，对政府处理垃圾邻避项目时应该做到满足社会公共利益的需求，包含公众参与、信息公开、公众权利、信息沟通、利益诉求、风险补偿和程序正义等7个方面。政府封闭性决策使公众需求不被尊重和重视，并由此对政府、专家和环评机构产生不信任感，长期累积就会加剧风险感知，进而导致垃圾邻避危机爆发。

(7)政府响应策略决定着垃圾邻避危机演化的结果

垃圾邻避危机演化的最终结果取决于政府是否根据当前事件发

展的态势，及时采取应急措施，如通过召开新闻发布会和市民座谈会等促进公众参与，降低风险受众的风险感知；介绍政府决策困境和思路，加强对垃圾邻避设施的理解，扭转民众对垃圾邻避设施“一票否决”的态度，从而把握和掌控垃圾邻避危机演化的方向，最终实现各利益主体均衡协调发展。

4.3 垃圾邻避危机情景演化规律与路径分析

4.3.1 垃圾邻避危机的情景表示

情景用于描述事件的发展态势，便于决策者进行实时决策。情景单元是某时刻关键情景要素的关系组合，情景单元的选择和确定关系到案例使用的有效性。情景状态的改变、转移产生新的情景，即为情景演化。情景演化路径是动态、复杂和不确定的，因此通常聚焦于关键情景要素的演变，通过关键情景要素的分析和逻辑推导，挖掘垃圾邻避危机情景演化规律。近年来，国内外代表性学者在研究突发事件应急决策的过程中，涉及突发事件情景信息构成的研究较多，见表4-5。

表4-5 应急决策情景要素文献回顾

文　献	情 景 要 素
Gilber 等[163](2001)	规划的前提假设、定义时间轴、决策空间等10个步骤
范维澄等[164](2009)	突发事件、承灾载体、应急管理
袁晓芳等[165](2011)	压力、状态、响应
刘铁民[166](2012)	情景概要、灾害后果、应急任务
李健行等[167](2014)	灾害事故、致灾体、承灾体、应急救援活动

续表

文　献	情景要素
Fahey 等[168](2015)	状态、策略、驱动力和逻辑
戎军涛等[169](2016)	因子、事件、受体、状态
陈玉芳等[170](2017)	致灾体、承载体、抗灾体
巩前胜等[171](2018)	情景状态、应急活动、应急资源、应急环境
杨峰等[172](2019)	致灾情景要素、承灾情景要素、救灾情景要素
饶文利等[173](2020)	情景本身、承灾体、应急管理

资料来源：作者研究整理

从表4-5可以看出，学者们基于不同的研究问题，构建的情景要素数量从3个到10个不等，总体上包括引起事件的原因、作用对象、处置主体、物资设备以及面临的应急环境等。

情景不是具体个案的因素提取，而是在大量同类事件中集合出有广泛代表性和前瞻性的要素。本书在垃圾邻避危机情景演化影响因素的基础上，归纳、总结出“外部情境(E)”“情景状态(S)”“应急管理(M)”三类情景要素。垃圾邻避危机情景要素模型如图4-3所示。

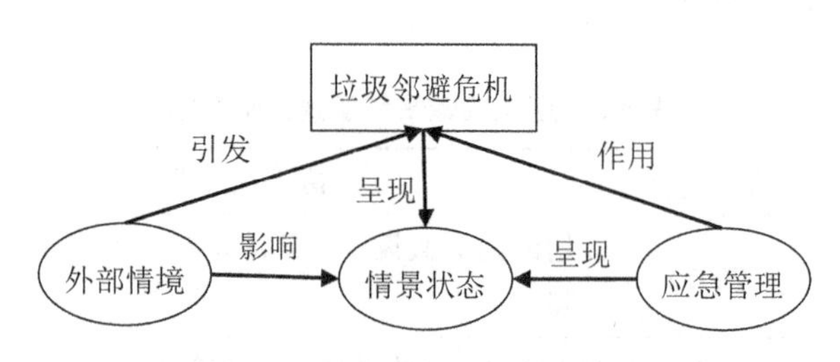

图4-3　垃圾邻避危机情景要素模型

由图4-3可知，外部情境是导致垃圾邻避事件发生的诱因，并且还会继续推动垃圾邻避危机发展演化的一类影响因素。情景状态是指随着危机要素的积累、发展，垃圾邻避危机事件相关主体采取

的一系列行动，它是垃圾邻避危机的具体表现。应急管理是指应急决策者(垃圾邻避危机治理者)在垃圾邻避危机事件发生后，为了减少垃圾邻避危机演化过程中产生的损失而采取的行动，应急管理的成效影响着垃圾邻避危机的演化方向和强度。

4.3.2 垃圾邻避危机情景演化规律

垃圾邻避危机情景演化规律是分析垃圾邻避危机情景演化路径的前提与基础。垃圾邻避危机情景演化是情景要素随着时间的推移，情景要素之间关系结构的变化导致发展态势改变的动态过程。按照前面章节的分析，垃圾邻避危机情景可以划分为外部情境、情景状态和应急管理三个要素维度，它们相互作用构成情景单元，如图 4-4 所示。

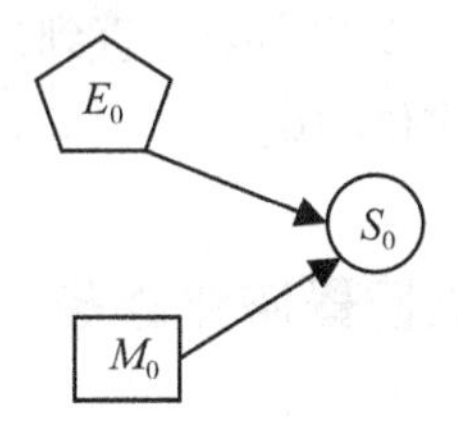

图 4-4 外部环境—情景状态—应急管理情景单元

在图 4-4 中，S_0表示初始情景状态，在外部情境 E_0的影响下，以及应急管理 M_0的干预下，情景状态逐渐发生变化进入到下个情景状态，这种情景状态的转换，即为一次完整的垃圾邻避危机情景基本单元演化。

假设垃圾邻避危机在演化周期内共有 n 次情景演化，情景状态分别记为 S_0，S_1，…，S_i，…，S_{n-1}，S_n，其中 S_0为危机潜伏阶段的初始情景状态，S_n为危机解决阶段的消失情景状态，E_i，M_i分别表示为 t_i时刻的外部情境以及应急管理[174]。垃圾邻避危机情景演化规律可以表示为如图 4-5 所示。

在图 4-5 中，垃圾邻避危机情景演化的方向，随着该时刻外部

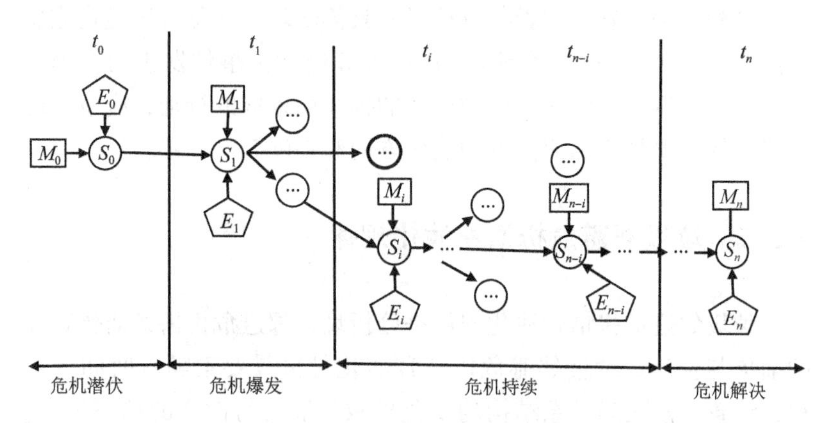

图 4-5　垃圾邻避危机情景演化规律图

情境和应急管理状态的不同而呈现出不确定性。如在 t_i 时刻情景状态为 S_i，在 E_i 和 M_i 的共同影响下，情景状态又发生演化，可能进入多种新路径中的一种。以此类推，直到达时刻 t_n，出现消失情景 S_n，垃圾邻避危机情景演化结束。

4.3.3　垃圾邻避危机情景演化路径

垃圾邻避危机情景演化路径是决策者了解当前状态信息，预测未来事件发展态势的基础，通过网络化、符号化的结构表示方式，清晰、简洁地刻画情景要素之间的耦合关系，为有效评估演化方向，以及制定针对性的措施提供科学的决策依据。

垃圾邻避危机理想情景是危机管理期望实现的最佳目标。在决策过程中，要将当前情景与预期的理想情景进行比较，明晰现状与预期之间的偏差，不断提高应急管理的有效性、准确性和适应性。具体而言，如果垃圾邻避危机情景演变路线与预期目标一致，则说明应急管理采取的措施有效，垃圾邻避危机的发展态势得到有效的控制，整体路径朝着乐观方向发展；如果垃圾邻避危机情景演变路线偏离预期目标，说明采取的措施不能有效应对当前状态，事态还很严重甚至可能进一步恶化，整体路径朝着悲观方向发展。因此，

决策者要尽最大可能使垃圾邻避危机沿着最乐观演化路径发展。基于此，本书借鉴计算机数据结构的二叉树原理，根据情景要素基本单元及演化规律，综合集成绘制出垃圾邻避危机情景演化网络，如图 4-6 所示。

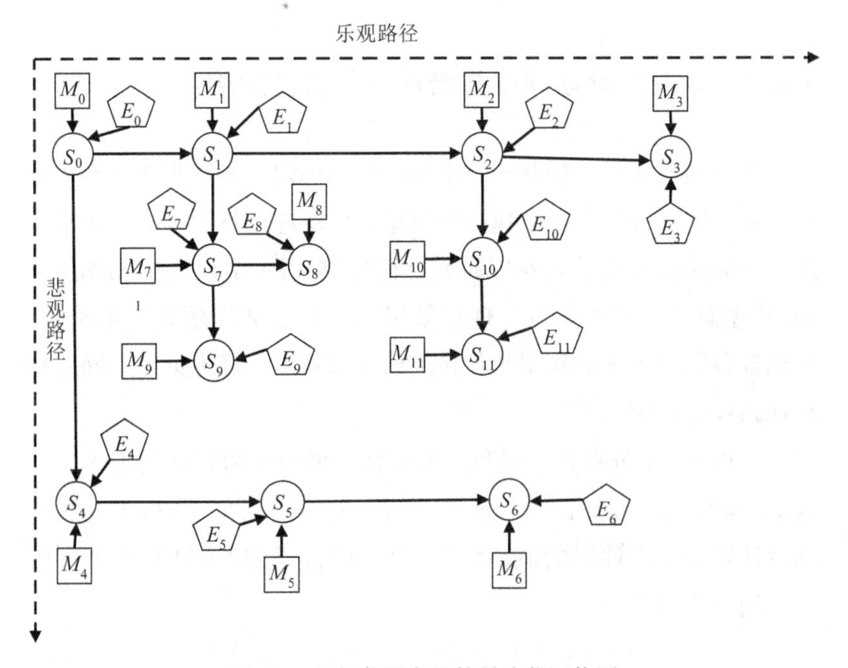

图 4-6 垃圾邻避危机情景演化网络图

在图 4-6 中，从 S_0 到 S_{11} 共有 12 个情景状态节点，其中 S_3，S_6，S_9，S_{11} 等为消失情景。横向虚线箭头表示在外部情境和应急管理共同作用下达到预期目标的最乐观演变态势，即 $S_0 \to S_1 \to S_2 \to S_3$；纵向虚线箭头表示在外部情境和应急管理相互作用下均未达到预期目标的最悲观演变态势，即 $S_0 \to S_4$。由于垃圾邻避危机情景演化是一个复杂、动态、充满不确定性的过程，每个情景都有多个可能的演化路径，这就要求决策者积极采取应急措施，改变当前情景状态，找出应急措施效果不佳的路径，针对性地对应急措施进行及时有效的调整，使情景演化路径尽可能朝着乐观方向演化。

4.4　基于动态贝叶斯网络的垃圾邻避危机情景演化网络

4.4.1　动态贝叶斯网络与情景演化模型的结合

贝叶斯网络是一种基于概率分析的不确定性知识表达，利用节点变量之间的因果关系构建推理模型，广泛应用行为分析、政策实施、发展路径及金融风险等研究。杨青等运用马特兰的“模糊-冲突”模型解释了我国垃圾管理政策实施中存在的问题和改革路径，并综合各关键因素的作用和各转换路径的特点，运用贝叶斯网络对转换路径进行定位[175]。

假设 X、Y 分别为原因和结果集合，集合中的元素记为 X_i，$X_i \in X$ $(i=1, 2, \cdots, n)$，$Y_i \in Y$ $(i=1, 2, \cdots, n)$。全概率公式是通过计算完备事件组的概率之和，“由因推果”地推算复杂事件概率，用公式可表示为

$$p(Y) = p(X_1Y) + p(X_2Y) + \cdots + p(X_nY) \tag{4-1}$$

由式(4-1)可知，子节点的后验概率可通过父节点的先验概率和条件概率计算得出。贝叶斯公式与全概率公式互逆，“由果推因”地进行条件推理，其表达式为：

$$p(X_i|Y) = \frac{p(X_i)p(Y|X_i)}{p(Y)} \tag{4-2}$$

鉴于垃圾邻避危机情景演化的时空动态性，需要运用在时间序列上展开的贝叶斯网络，即动态贝叶斯网络来处理数据。动态贝叶斯网络是在贝叶斯网络的原理上考虑时间因素的影响，对动态系统进行建模和推理的工具。由于动态贝叶斯网络模型推理过程具有前后时间连续性，因此更加符合本书对象的要求。动态贝叶斯网络也

符合条件独立性假设，若用 x 表示父节点，y 表示子节点，则动态贝叶斯网络基本示意图如图 4-7 所示。

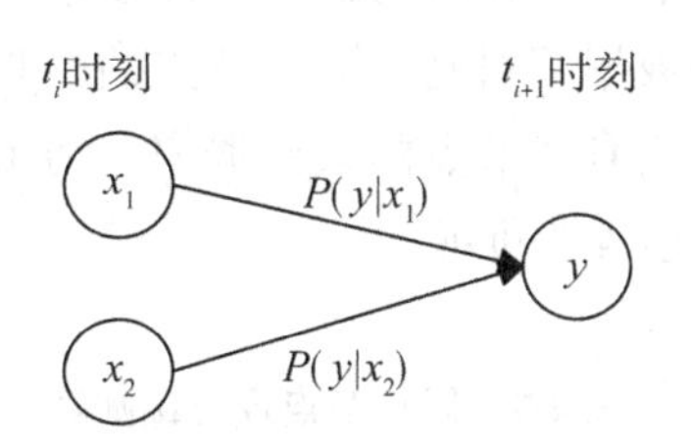

图 4-7 动态贝叶斯网络基本示意图

4.4.2 垃圾邻避危机情景演化网络构建

(1)确定网络关键节点变量

根据前文情景要素的分析，本书选取外部情境(E)、应急管理(M)、情景状态(S)三个关键情景节点，网络节点变量类型及取值集合如表 4-6 所示。

表 4-6 网络节点变量类型及取值集合

节点变量名称	节点变量类型	节点变量取值集合
外部情境(E)	二值顺序变量	{积极(P)，消极(N)}
应急管理(M)	布尔变量	{真(T)，假(F)}
情景状态(S)	布尔变量	{真(T)，假(F)}

资料来源：作者自制

(2)网络节点间关系的确定

垃圾邻避危机情景演化是贝叶斯网络在时间线上的连续展开，因此，根据垃圾邻避危机情景演化的时间顺序，以及关键节点网络变量之间的逻辑关系，用有向边连接构建推理模型。

(3)网络节点的概率确定及计算

垃圾邻避危机情景预判不仅需要确定关键节点变量及其因果关系，还需要对部分节点变量进行概率分配以推理其他节点变量的概率。一是根据历史数据资料确定无父节点的先验概率，二是根据专家的知识和经验确定有父节点的条件概率。为了打分结果准确，网络节点评分细则见表4-7所示。

表4-7　网络节点评分细则表

节点名称	描述	评分标准
外部情境(E)	良好	0.8~1
	一般	0.6~0.8
	较差	0.6以下
应急管理(M)	有效	0.8~1
	一般	0.6~0.8
	无效	0.6以下
情景状态(S)	较好	0.8~1
	一般	0.6~0.8
	较差	0.6以下

4.5　垃圾邻避危机情景演化复杂系统模型检验

4.5.1　案例背景

在爆发垃圾邻避危机后，重启垃圾焚烧发电项目难度更大，湖北仙桃垃圾焚烧发电项目建设由“破”到“立”的案例经过，为探索

解决垃圾邻避危机提供了有益参考。仙桃垃圾焚烧发电项目经历“项目建设—消息扩散—民众抗议—政府维稳—项目暂停—民众不接受—项目停止—政府宣传教育—民众支持—项目原地重启”的曲折过程，成为化解“邻避效应”的一个成功案例。因此，湖北仙桃垃圾焚烧发电项目案例与本书要解答的现实问题契合度较高，仙桃垃圾邻避危机发展历程在3.3.4节中已详细描述，此处不再赘述。

4.5.2 构建情景演化网络

(1)确定情景网络节点

通过对仙桃垃圾邻避危机的案例分析，本书最终确定从S_0到S_8共9个情景状态节点及各个情景状态对应的外部环境、应急管理节点，情景网络节点变量表示见表4-8。

表4-8 情景网络节点变量

情景状态 S	外部情境 E	应急管理 M
危机潜伏，组建微信维权群(S_0)	焚烧技术情境(E_0)	封闭决策，未广泛征求民众意见(M_0)
危机爆发，民众游行示威(S_1)	新媒体环境(E_1)	维稳压力，用强制手段维持秩序(M_1)
危机持续，警民暴力冲突(S_2)	焚烧技术情境(E_2)	正式回应，新闻通气会为民众答疑解惑(M_2)
情景消失(S_3)	/	/
危机持续，民众疑虑犹存(S_4)	社会经济情境(E_4)	深入论证，暂停垃圾焚烧厂建设(M_4)

续表

情景状态 S	外部情境 E	应急管理 M
情景消失(S_5)	/	/
危机持续，政府深陷信任危机(S_6)	新媒体环境(E_6)	尊重民意，停止焚烧厂的建设(M_6)
危机持续，民众诉求未得到满足(S_7)	社会经济情境(E_7)	民主协商，开展宣传教育活动(M_7)
危机解决，垃圾焚烧原址重建(S_8)	/	/

资料来源：作者自制

由表4-8可知，情景网络节点一共有 S_3、S_5和 S_8三个情景消失点，S_3和 S_5为在上阶段外部情境和应急管理的综合作用下，事件因得到有效控制或者由于缺乏演化条件直接转化为阶段性的消失情景，S_8则是整个事件情景演化完全结束后的最终稳态。

根据仙桃垃圾邻避危机情景要素的确定过程及事件发展的实际情况，确定仙桃垃圾邻避危机中情景要素之间的相互关系，构建出仙桃垃圾邻避危机情景演化路径图。图4-8可以直观地表示情景网络节点变量之间的演化关系，快速寻找出演化路径上未达预期的情景节点，针对性地对应急措施进行及时有效的调整，使情景演化路径尽可能朝着乐观方向演化。

(2)情景概率分析与计算

首先，在掌握情景网络关键节点及其演化的基础上，由确定网络节点概率的两个途径，分别得到先验概率和条件概率。然后，根据动态贝叶斯网络概率推理相关计算方法，最后渐次计算节点的条件概率。节点变量的先验概率和条件概率见表4-9。

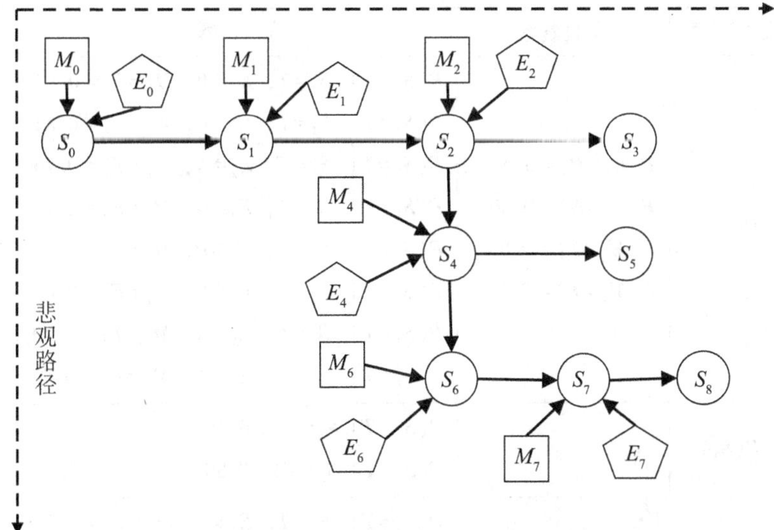

图 4-8　仙桃垃圾邻避危机情景演化路径

表 4-9　情景状态节点概率表

概率计算	先验概率	条件概率
$P(S_0)$	$P(E_0=P)=0.40$,	$P(S_0=T\mid E_0=P, M_0=T)=0.65$
	$P(E_0=N)=0.60$	$P(S_0=T\mid E_0=P, M_0=F)=0.70$
	$P(M_0=T)=0.90$,	$P(S_0=T\mid E_0=N, M_0=T)=0.68$
	$P(M_0=F)=0.10$	$P(S_0=T\mid E_0=N, M_0=F)=0.75$
$P(S_1)$		$P(S_1=T\mid S_0=T, E_1=P, M_1=T)=0.70$
		$P(S_1=T\mid S_0=T, E_1=P, M_1=F)=0.80$
	$P(E_1=P)=0.32$,	$P(S_1=T\mid S_0=T, E_1=N, M_1=T)=0.80$
	$P(E_1=N)=0.68$	$P(S_1=T\mid S_0=T, E_1=N, M_1=F)=0.50$
	$P(M_1=T)=0.75$,	$P(S_1=T\mid S_0=F, E_1=P, M_1=T)=0.75$
	$P(M_1=F)=0.25$	$P(S_1=T\mid S_0=F, E_1=P, M_1=F)=0.60$
		$P(S_1=T\mid S_0=F, E_1=N, M_1=T)=0.70$
		$P(S_1=T\mid S_0=F, E_1=N, M_1=F)=0.65$

续表

概率计算	先验概率	条件概率
$P(S_2)$	$P(E_2=P)=0.40$, $P(E_2=N)=0.60$ $P(M_2=T)=0.85$, $P(M_2=F)=0.15$	$P(S_2=T\mid S_1=T, E_2=P, M_2=T)=0.80$ $P(S_2=T\mid S_1=T, E_2=P, M_2=F)=0.85$ $P(S_2=T\mid S_1=T, E_2=N, M_2=T)=0.76$ $P(S_2=T\mid S_1=T, E_2=N, M_2=F)=0.73$ $P(S_2=T\mid S_1=F, E_2=P, M_2=T)=0.54$ $P(S_2=T\mid S_1=F, E_2=P, M_2=F)=0.64$ $P(S_2=T\mid S_1=F, E_2=N, M_2=T)=0.70$ $P(S_2=T\mid S_1=F, E_2=N, M_2=F)=0.72$
$P(S_3)$	/	$P(S_3=T\mid S_2=T)=0.25$ $P(S_3=T\mid S_2=F)=0.80$
$P(S_4)$	$P(E_4=P)=0.30$, $P(E_4=N)=0.70$ $P(M_4=T)=0.85$, $P(M_4=F)=0.15$	$P(S_4=T\mid S_2=T, E_4=P, M_4=T)=0.78$ $P(S_4=T\mid S_2=T, E_4=P, M_4=F)=0.72$ $P(S_4=T\mid S_2=T, E_4=N, M_4=T)=0.80$ $P(S_4=T\mid S_2=T, E_4=N, M_4=F)=0.65$ $P(S_4=T\mid S_2=F, E_4=P, M_4=T)=0.70$ $P(S_4=T\mid S_2=F, E_4=P, M_4=F)=0.60$ $P(S_4=T\mid S_2=F, E_4=N, M_4=T)=0.75$ $P(S_4=T\mid S_2=F, E_4=N, M_4=F)=0.80$
$P(S_5)$	/	$P(S_5=T\mid S_4=T)=0.60$ $P(S_5=T\mid S_4=F)=0.60$
$P(S_6)$	$P(E_6=P)=0.45$, $P(E_6=N)=0.55$ $P(M_6=T)=0.88$, $P(M_6=F)=0.12$	$P(S_6=T\mid S_4=T, E_6=P, M_6=T)=0.79$ $P(S_6=T\mid S_4=T, E_6=P, M_6=F)=0.75$ $P(S_6=T\mid S_4=T, E_6=N, M_6=T)=0.80$ $P(S_6=T\mid S_4=T, E_6=N, M_6=F)=0.85$ $P(S_6=F\mid S_4=F, E_6=P, M_6=T)=0.78$ $P(S_6=T\mid S_4=F, E_6=P, M_6=F)=0.90$ $P(S_6=T\mid S_4=F, E_6=N, M_6=T)=0.80$ $P(S_6=T\mid S_4=F, E_6=N, M_6=F)=0.82$

续表

概率计算	先验概率	条件概率
$P(S_7)$	$P(E_7=P)=0.65$, $P(E_7=N)=0.35$ $P(M_7=T)=0.72$, $P(M_7=F)=0.28$	$P(S_7=T\mid S_6=T, E_7=P, M_7=T)=0.78$ $P(S_7=T\mid S_6=T, E_7=P, M_7=F)=0.85$ $P(S_7=T\mid S_6=T, E_7=N, M_7=T)=0.90$ $P(S_7=T\mid S_6=T, E_7=N, M_7=F)=0.93$ $P(S_7=T\mid S_6=F, E_7=P, M_7=T)=0.84$ $P(S_7=T\mid S_6=F, E_7=P, M_7=F)=0.80$ $P(S_7=T\mid S_6=F, E_7=N, M_7=T)=0.81$ $P(S_7=T\mid S_6=F, E_7=N, M_7=F)=0.87$
$P(S_8)$	/	$P(S_5=T\mid S_4=T)=0.90$ $P(S_5=T\mid S_4=F)=0.85$

以情景节点 S_0 为例，概率计算过程如下：

$P(S_0=T)=P(E_0=P)*P(M_0=T)*P(S_0=T\mid E_0=P, M_0=T)+P(E_0=P)*P(M_0=F)*P(S_0=T\mid E_0=P, M_0=F)+P(E_0=N)*P(M_0=T)*P(S_0=T\mid E_0=N, M_0=T)+P(E_0=N)*P(M_0=F)*P(S_0=T\mid E_0=N, M_0=F)=0.40*0.90*0.65+0.40*0.10*0.70+0.60*0.90*0.68+0.60*0.10*0.75=0.674$。以此类推，可循序推演所有情景节点概率。图 4-9 利用计算软件 Netica 准确、直观地表示了垃圾邻避危机情景演化路径及其概率。

4.5.3 结论与讨论

仙桃垃圾邻避危机情景演化网络共有 9 个情景状态节点，其中 S_3，S_5，S_8为垃圾邻避危机消失情景。横向虚线箭头表示在外部情境和应急管理共同作用下达到应急管理目标的最乐观演变态势，如 $S_0 \to S_1 \to S_2 \to S_3$；纵向虚线箭头表示在外部情境和应急管理相互作用下均未达到应急管理目标的最悲观演变态势，如 $S_2 \to S_4 \to S_6$。

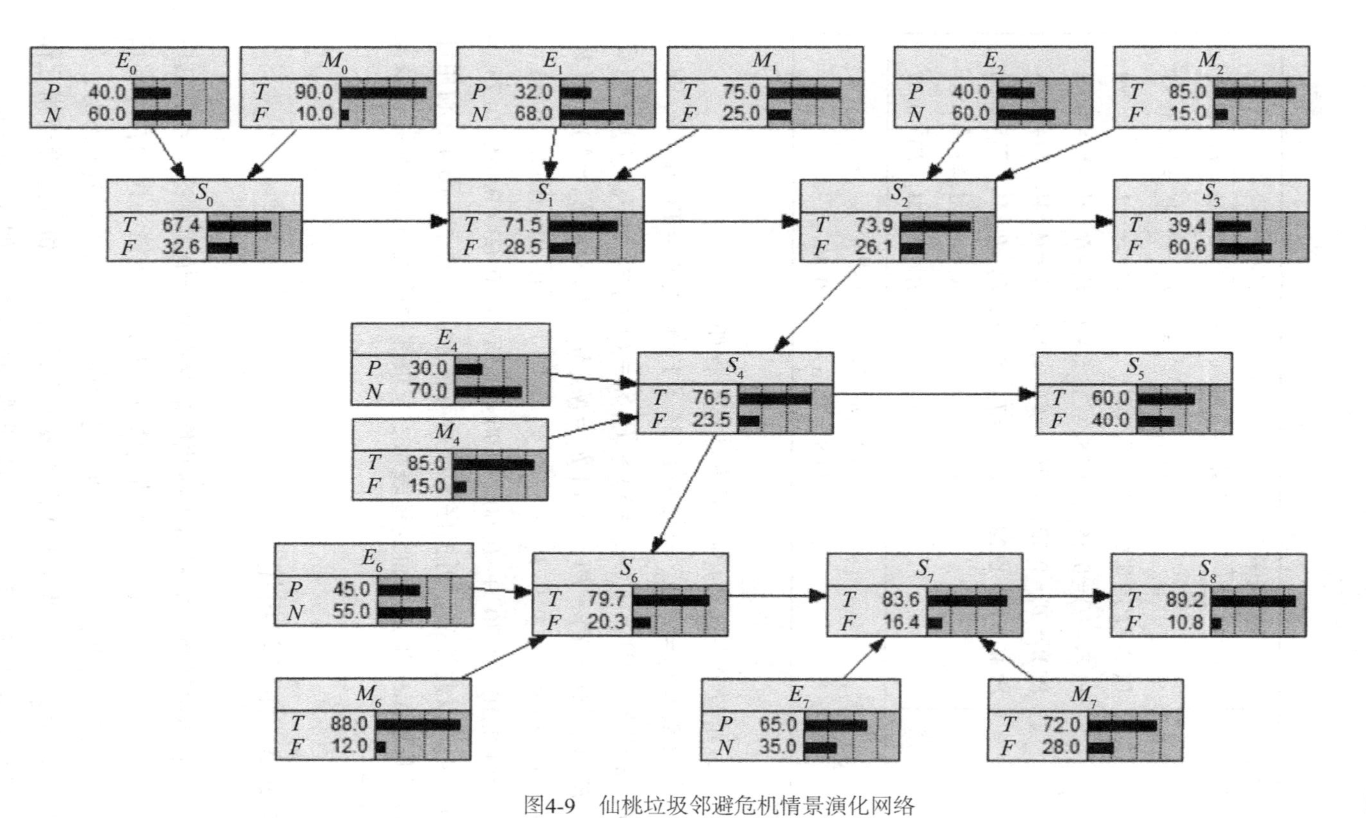

图4-9　仙桃垃圾邻避危机情景演化网络

从垃圾邻避危机的潜伏阶段到危机解决阶段，情景状态 S_0、S_1、S_2、S_4、S_6、S_7、S_8 的概率分别为 67.4%、71.5%、73.9%、76.5%、79.7%、83.6% 和 89.2%，危机消失情景的概率也由 39.4% 上升到 60.0%。情景状态的概率随着危机演化逐渐恶化而变大，说明了在外部情境和应急管理的共同作用下，垃圾邻避危机情景状态不断朝良性方向演化。情景概率变化波动比较明显，反映了垃圾邻避危机情景演化过程中环境状态不断趋于良好，说明应急管理措施整体可行且有效。

本章小结

本章首先对垃圾邻避危机情景演化的涌现性进行了分析，然后以 2006 年至 2019 年中国发生的典型垃圾邻避危机为研究对象，通过扎根理论编码分析，构建了垃圾邻避危机情景演化动因模型，在此基础上归纳、总结出外部情境、情景状态、应急管理三类情景要素，并剖析了垃圾邻避危机演化规律。其次，运用动态贝叶斯网络方法构建垃圾邻避危机情景演化模型，最后以仙桃垃圾焚烧邻避危机为例，利用计算软件 Netica 直观地展示了情景演化路径的动态过程。仿真计算结果表明，计算结果符合事件演化的实际情况，基于动态贝叶斯网络的情景演化模型能有效处理垃圾邻避危机的不确定性和信息不完全问题，为有效治理垃圾邻避危机提供参考价值。

第5章　基于免疫复杂系统的垃圾邻避危机识别

垃圾邻避危机识别是在一定的情景演化下，识别危机演化的关键要素。垃圾邻避危机管理系统可被视作一个复杂系统，可借鉴免疫复杂系统识别、消灭抗原的机理，为解决垃圾邻避危机识别问题提供全新思路。

5.1　基于免疫复杂系统分析垃圾邻避危机识别的可行性

5.1.1　基于免疫系统功能映射的可行性

(1)免疫系统概念

人类在纷繁复杂的环境中，为了能够抵御外部致病生物体的侵袭，形成了一套日益完善的生物免疫系统。生物免疫系统通过对外部致病生物体的识别、学习、抑制、清除和记忆，保护机体的生理平衡和稳定运行。

与生物免疫系统类似，垃圾邻避危机管理免疫系统(简称“危机管理免疫系统”)是识别和消灭“非己”抗原并产生记忆，从而维持社会有序运行，经济协调发展的复杂系统。垃圾邻避危机不仅检验危机管理免疫系统对“非己”抗原的感应效率和识别准确率，还考验中枢免疫器官的应变能力以及外周免疫器官协调发展的综合能力。

危机是垃圾邻避危机管理免疫系统的疾病，系统在遭受内外部的威胁时，通过自身的结构及功能的作用，最终使系统保持稳定平衡的状态。垃圾邻避危机的爆发可能给社会稳定和经济发展带来负面影响，但也能以此为契机，对政府治理能力和治理成效进行全面“体检”，然后据此“对症下药”，接种“危机预警疫苗”，及时修复系统受损组织，优化危机管理环境，加强危机管理系统稳定状态的“复查”，提升危机管理免疫系统的“免疫力”，实现化危为机[176]。

(2)免疫系统防御

生物医学研究发现，机体免疫系统有两种应答方式，即先天性(非特异性)免疫和获得性(特异性)免疫。机体免疫系统的防御功能主要靠先天性免疫和获得性免疫，先天性免疫是由遗传特征得来的，由皮肤、黏膜、杀菌物质等构成。获得性免疫是由后天获得的具有特异性和记忆性的防御体系。

垃圾邻避危机管理免疫系统的先天性免疫是针对“非己”抗原进行一般性免疫应答的行为，包括法律法规、政策制度、组织纪律等外部防御，应急管理部门等核心免疫器官，以及公安、消防等免疫细胞采取一般性的维稳策略，防止事态蔓延和扩大，构成危机管理免疫系统的第一、二道防线。后天性免疫是在系统特定的免疫监视和免疫防御机制，以及相似案例的学习和记忆下，进行特异性的免疫应答，构成危机管理免疫系统的第三道防线。

(3)免疫系统疾病

当机体的免疫识别、免疫记忆、免疫应答等功能出现障碍时，会出现免疫过度、免疫不足、免疫缺陷等损伤自身器官和组织的反应。一是过敏反应，相同抗原入侵时，特异性抗体迅速反应，导致组织损伤、功能紊乱。二是自身免疫疾病，误将机体自身的细胞或组织当作抗原，导致自身组织损害的现象。三是免疫缺陷病，即免疫功能缺陷导致不能有效发挥免疫应答机制的现象。

在垃圾邻避危机管理系统中，“过敏反应”体现在民众一旦听说修建垃圾邻避设施便采取非理性的抗争手段强烈抵制，警民在冲突交涉过程中，双方激烈对峙，导致事态全面爆发。“自身免疫疾病”体现在不能有效识别“自己”和“非己”抗原，不同决策者在权衡利弊时发生强烈冲突。“免疫缺陷病”体现在由于组织、制度等管理方面的缺陷，相关部门缺乏应对危机的警惕性，或者即使有些部门“识别”出危机的潜伏，但是由于危机涉及部门的复杂性，没有全面化解危机的能力。

5.1.2 基于免疫系统结构映射的可行性

生物免疫系统的正常运行离不开各免疫器官、细胞以及免疫分子的分工协作。同样地，垃圾邻避危机管理免疫系统的正常运转需要由组织、部门及个体等免疫主体多层次、全方位的协调联动来实现。垃圾邻避危机管理免疫系统与生物免疫系统的结构映射关系如表5-1所示。

表5-1 垃圾邻避危机管理免疫系统的结构映射

生物免疫系统	垃圾邻避危机管理免疫系统
中枢免疫器官	垃圾邻避危机识别应急管理部门
外周免疫器官	垃圾邻避危机识别辅助部门
抗原	垃圾邻避危机
抗体	垃圾邻避危机处理方案
APC 细胞	感知垃圾邻避危机的人员
T 细胞	监测垃圾邻避危机的人员
生物免疫系统	垃圾邻避危机管理免疫系统
B 细胞	处理垃圾邻避危机的人员
抗原浓度	垃圾邻避危机的频率和强度

续表

细胞亲和力	垃圾邻避危机案例的相似程度
免疫识别	垃圾邻避危机识别
免疫应答	垃圾邻避危机的抑制或清除
免疫记忆	经验总结/危机转化方案的更新

资料来源：作者自制

在垃圾邻避危机管理免疫系统中，抗原对应各种类型的垃圾邻避危机，其存在会导致社会公共秩序失稳。机体实现免疫功能的器官或组织主导免疫活性细胞的产生、增殖和分化成熟。中枢免疫器官对应垃圾邻避危机识别应急管理部门，外周免疫器官对应垃圾邻避危机识别辅助部门，免疫细胞对应感知、监测和处理垃圾邻避危机的人员。抗原的捕获、提取及降解的过程对应垃圾邻避危机的识别、抑制和清除过程。免疫细胞在抗原的刺激下产生鉴别和中和外来物质的抗体，对应垃圾邻避危机处理方案。

5.1.3 基于免疫系统机制映射的可行性

免疫系统通过独特、完善的免疫机制，识别自体与异体抗原，维持生物系统基本生理功能的正常运转和相对稳定，其中免疫机制主要包括免疫识别机制、免疫应答机制、免疫反馈机制、免疫记忆机制。垃圾邻避危机管理免疫系统与生物免疫系统在功能和结构上的相似映射关系，决定了两个免疫系统在免疫应答机制方面也具有相似性。垃圾邻避危机管理免疫系统运行流程图如图 5-1 所示。

免疫识别机制是抗原决定簇判断外来入侵物为“自己”还是“非己”的过程。抗原在攻击垃圾邻避危机管理免疫系统时，会对系统的某个环节造成威胁，抗原提呈细胞 APC 会感知到危机信号并对抗原的特征进行提取。当垃圾邻避危机风险识别系统首次遭遇到民众通过各种抗争方式抵制垃圾邻避设施建设时，政府需要从多个方

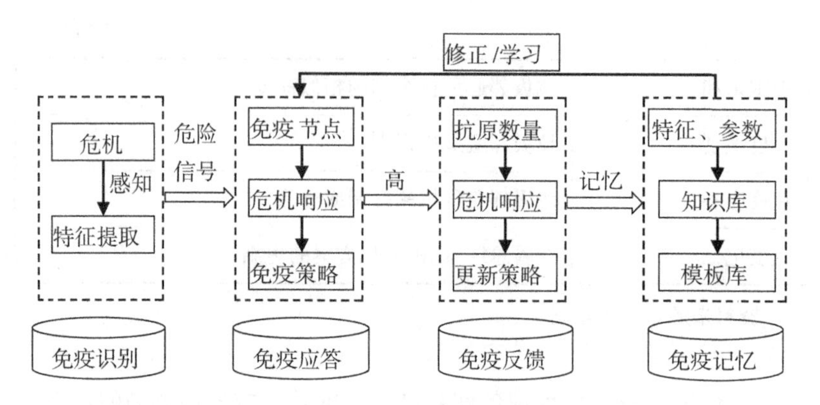

图 5-1　垃圾邻避危机管理免疫系统运行机制

面评估垃圾邻避危机的性质、产生的根本原因以及危害程度等特征，判断是否会引发危及社会稳定的垃圾邻避危机事件。

免疫应答机制是免疫系统被抗原刺激，激发免疫活性细胞对抗原进行识别、消灭的过程。免疫节点对垃圾邻避危机各类情景要素加以识别，危机要素之间的认知差异性构成了识别危机信号的基础。系统在危机信号的不断刺激下，促进免疫节点进行危机响应，产生相应抗体清除抗原，最终形成免疫策略。垃圾邻避危机发生后，政府相关部门需要调动各项资源，安抚民众的情绪、倾听民众的利益诉求、保障民众合理权益，并充分利用网络和新媒体平台发布事件处理过程并及时主动回应民众提出的质疑，提高政府公信力建设。

免疫反馈机制是通过控制、调节免疫应答过程，保持机体免疫内环境稳定的重要途径。过多的抗体对于系统而言也是一种危害，抗体浓度需要根据抗原的数量进行及时调节。由于垃圾邻避危机具有突发性和敏感性，垃圾邻避危机的应急管理需要根据危机发展的实时状况，调整应急策略，把“危机”转化为“契机”。

免疫记忆机制是再次遭遇相同抗原侵袭时，产生更快、更强的免疫反应。在免疫记忆阶段，通过学习、经验总结与交流等，形成新的知识库，并将新一轮最优策略放入模板库中，使垃圾邻避危机免疫系统形成持续性免疫记忆，以便对下次遇到相同的危险时做出快速应答。发生类似事件后，公众和政府都会形成一定的经验，快速采取行动。例如在汉口北垃圾焚烧发电项目中，为了能够阻止项目的建设，一些志愿者们加入了广东省番禺抵制垃圾发电厂的 QQ 群，向这些居民们学习“成功案例”。

5.1.4 基于免疫系统优化算法的可行性

垃圾邻避危机识别涉及因素众多，且随着外界条件的变化表现出动态性和演化性，因此需要具有鲁棒性和自组织性的危机识别模型适应这一变化。提高垃圾邻避危机识别的效率和准确率至关重要，若未能及时、准确地识别垃圾邻避危机，将危险认作机会，或者将机会误判为危险，都会对社会经济的正常运转造成较大的损失。基于免疫系统原理构建的免疫模型和免疫算法具有快速、准确识别的能力。其应用已在计算机网络、风险预警以及垃圾邮件识别等研究领域展现了巨大的优势。垃圾邻避危机识别思想与免疫优化算法的思想具有相似之处：

一是两者的环境相似。免疫识别处于病毒、细菌、真菌、寄生虫等病原体的生物世界中，包括内部异己和外部异己，垃圾邻避危机识别处于已知或未知的各种风险环境之中，包括外部环境和内部环境。

二是两者识别任务相似，当免疫系统遇到病原入侵时，都会首先进行“自我”和“非我”的识别。垃圾邻避危机识别的任务是及时准确地识别、监测危机要素，对危机要素进行干预，以维持社会经济的正常发展和平稳运转。

三是两者识别模式相似，免疫识别通过变异与进化不断提高免疫细胞的识别能力，利用交叉机制缩短识别类似抗原的时间，从而提高识别的效率和准确率。垃圾邻避危机识别是在错综复杂的垃圾邻避危机情景演化过程中，挖掘影响情景演化方向的关键因素，并采取针对性的措施，为垃圾邻避危机转化提供判别依据。

综上，利用基于免疫复杂系统理论及方法研究垃圾邻避危机识别有其内在的合理性及可行性。

5.2　基于免疫复杂系统的垃圾邻避危机分析框架

5.2.1　原因分析

(1)公众参与缺失易生成民意病原体

民意是人民的主观意愿，是国家运行的载体，相比于垃圾焚烧发电和炉渣制砖，垃圾邻避设施周边居民更为关注垃圾焚烧的二次污染，认为垃圾焚烧设施等同于癌症催化剂，对垃圾焚烧设施的技术方案和环保措施选择性忽略，容易遭受不法分子利用，引发谣言扩散，产生恶性冲突事件，影响社会秩序。部分民众对垃圾焚烧项目的认识不足、处理机制的不清、非法行为的纵容，导致垃圾焚烧设施建设长期受到限制或干扰，如此反复挫折导致民意转变为恶性病原体，侵害城市环保体系，真正的民意被埋没。

(2)多主体协同治理网络中缺乏 T 细胞

公共安全体系类似淋巴 B 细胞，其主要功能正逐步完善，目前我国危机管理缺乏更为灵活的 T 细胞体系。一方面垃圾焚烧设施具有负外部性、利益分配不平等、风险补偿不均衡等特点，是垃圾邻避危机的根本来源，并且受到民众的高度关注，认为是侵害了少部分群体的利益，保障了社会整体利益，但“牺牲小我、成全大我”的思想与健康的“交易成本”一直未能科学解决，政府更多地期望短时谈判解决，依靠“强效药”解决“慢性病”。另一方面，城镇化建设中各个环节有所缺失或失衡，部分社会公共职能未能及时跟上，针对垃圾焚烧设施的建设和选址并未形成一套灵活 T 细胞体系，例如居委会的事前协调、民意的前期采集反馈、市政部门的早期宣传、建设部门的先期沟通、技术部门的指标说明等都未发挥应有作用，垃圾焚烧设施建设的规划中公众参与的环节夹杂“水分”，缺乏城镇化建设前景分析。

(3)政府单一治理模式导致免疫预防功能不足

免疫预防功能可以强化免疫自稳、加速免疫应答、完善免疫监视。垃圾焚烧设施建设的地方立法机制不足，使得建设方案承载巨压；公众参与力度不够，使得建设规划饱受争议；风险补偿兑现打折，使得建设过程纠纷不断等都是免疫预防功能不足的具体体现。政府针对垃圾邻避危机的免疫预防工作缺失，过多地依靠后期的“维稳”工作，前期的社会力量组织、媒体宣传、社会服务则有所忽略，例如企业形象的塑造、技术方案的宣传、医疗设施的规划等，从而导致邻避区域的民意难以自稳。一旦发生冲突，没有快速反应机制，医疗、民政、公安、市政等部门之间缺乏协同，免疫应答缓慢而失效。媒体与民众之间没有形成内部监督，使得矛盾激化、民意埋没、利益失衡等，免疫监视难以定位病原体和异常情况。

(4)多主体利益冲突的特异性识别不足

垃圾邻避危机犹如病原体并且亦在进化，消弭冲突和维护社会稳定，必须依托适应性免疫系统，才能应对多样的垃圾邻避危机。垃圾邻避危机的多样性体现于冲突的特异性，抗原经过噬菌细胞的处理，暴露出抗原的特异性，才能转为 T 细胞和 B 细胞的免疫反应。垃圾焚烧设施的利益和风险的评价与重组多关注建设规划、社会效益和专家建议，而在针对外在影响和潜在因子的识别过程中，需要多层级、多部门、多阶段进行标记，已完成特异性识别过程，才能真正地认识到垃圾焚烧设施建设的利益失衡和风险暴露问题，而并非仅仅围绕事件的公平平等、政府公信力、补偿标准和环保指标等展开。

(5)协同治理网络不完善导致 T 细胞生成不足

垃圾焚烧设施建设选址在城镇化建设中存在规划式的“节奏性”，硬件如基础设施建设往往靠前，软件如社会公共服务往往滞后，民众的实际居住环境往往与原本预想的场景存在巨大差异，原因是多方面的，包括土地规划不科学、建设方案不透明、环保措施不到位等。故而存在社会矛盾集中于某一设施的建设过程中爆发，例如居民在购房时并未意识或知晓周边环境的变迁，而在周边环境恶化的过程中并未发挥公民监督的权利，也没有意识到自身在城市建设中的责任，当类似于垃圾焚烧场的建设项目落地时，则将累积的利益诉求情绪集中爆发，也可以认为是民众在"默默而自然地享受城市发展"，而针对类似垃圾焚烧设施的建设则依靠"闹就灵"这一膏药。在类似垃圾焚烧设施容易产生垃圾邻避事件的建设项目，前期的免疫措施不足，T细胞的协调组织、定位识别、快速决策等功能并未形成机制或机构载体，导致垃圾焚烧设施上马时，民意刺激错位或过度，部门协调不顺，方案重构压力大等。

(6)政府引导下垃圾焚烧设施的免疫环境存在缺点

垃圾焚烧设施的建设本身是有一套严格的标准体系，在分拣、压制、焚烧、排气、除尘、填埋等各个环节都有详尽的技术标准。在实际运行中，垃圾焚烧设施管理存在财政补贴不足、政府监管乏力和社会效益不稳等情况，需要加大垃圾焚烧设施的投入。例如风险补偿与PPP模式的融合不足、社会资本的整合、"蓝色焚烧"等产业技术和理论并未深入人心。政府在垃圾焚烧设施建设中的免疫环境上引导作用不足，民众作为免疫体系中的细胞体，并未在一个良好的免疫环境中发挥应有的作用，例如民众的免疫学习不足，垃圾焚烧环保和社会效益的宣传工作难以开展，政府、企业、民众之间的各类矛盾跨界传播而使得免疫紊乱；垃圾焚烧设施的规划与城市建设规划的前景分析不充分，以及相关法治保障缺失，造成免疫自稳机制难以形成。

5.2.2 过程分析

(1)垃圾邻避危机的感应阶段

垃圾邻避危机的感应阶段是垃圾邻避危机事件发生前，由于垃圾焚烧项目的建设与设施周边民众的切身利益有密切的关系，民众对此类事件较为敏感，容易引发民众关注和反应，感知系统抗原。

一旦感知到垃圾邻避危机(抗原)，公众会通过微信、QQ、微博、论坛等多元信息共生共享网络平台，对垃圾邻避项目的相关消息进行传播(吞噬细胞的摄取和处理)，并大肆宣传垃圾邻避设施的危害(将隐藏的抗原决定簇暴露出来)。由于垃圾邻避危机中涉及主体较多，影响范围较广，垃圾邻避设施周边民众担心自身健康风险及经济利益受损等情况，其他地区的民众也会关心污染扩散、水质变化等问题，民众的风险认知在繁杂、零碎的信息裹挟下趋于非理性，具有相同认知的民众短时间内大量“抱团取暖”。

(2)垃圾邻避危机的反应阶段

垃圾邻避危机的反应阶段是指负责监测垃圾邻避危机的人员(T细胞)和负责处理垃圾邻避危机的人员(B细胞)在感知到垃圾邻避危机信号的时候，开始采取一系列应对措施(增殖、分化)，成立垃圾邻避危机事件处理小组(效应B细胞、效应T细胞)，形成垃圾邻避危机处理方案(抗体)。在此阶段，公众关于垃圾邻避设施的情绪、态度和意见等达到一定阈值，涉事主体(政府危机管理部门、公众、媒体、专家、非正式组织)都会利用自己所掌握的信息资源，从各个渠道参与事件的讨论，表达自己的利益诉求和观点，当公众表达利益诉求的情绪不断高涨，垃圾邻避危机容易达到“危机阈值”，打破原有的信息平衡和稳定，瞬间扩大升级。垃圾邻避危机的发展不仅表现在横向空间的扩张，地域特征逐步模糊化上，还表现在纵向时间涨落上，这些都不断推动垃圾邻避危机处理方案的形成(抗体)。

(3)垃圾邻避危机的效应阶段

垃圾邻避危机的效应阶段是指政府危机管理部门提出的垃圾邻避危机处理方案(抗体)能够有效应对垃圾邻避危机(抗原)。在此阶段，政府危机管理部门采取有效的应对措施，媒体积极传播相关信息，专家及时进行科普，民众的风险认知逐渐回归理性，态度趋于平和，围绕该事件的讨论越来越少，事件得到很好的解决，危机得到有效控制。

5.3　基于免疫复杂系统的垃圾邻避危机识别模型

5.3.1　基本思想

(1)多属性决策思想

由于垃圾邻避危机具有不确定性、动态性以及社会群体性等特点，其应急决策是一个利用不完备信息多部门协同合作，进行决策的动态过程。由于认知的模糊性，决策者难以及时给出精确的决策偏好信息[177]。

近年来，基于概率语言术语集(Probabilistic Linguistic Term Set, PLTS)的决策理论与方法受到广泛关注，PLTS 针对决策中遇到的实际问题，同时考虑决策者的犹豫模糊偏好和概率信息，较多研究将此方法应用于风险评估、多属性群体决策、项目评价、模式识别、医疗诊断等领域，产生了良好的应用效果[178]。

①PLTS 的定义

定义 1[179] 令 $S=\{s_k \mid k=-t, \cdots, -1, 0, 1, \cdots, t\}$ 语言术语集，则一个 PLTS 可以被定义为：

$$h_S=\begin{Bmatrix} s_{\alpha\beta}(p_{\alpha\beta}) \mid s_{\alpha\beta}\in S,\ p_{\alpha\beta}\geqslant 0, \\ \beta=1, 2, \cdots, N,\ \sum_{\beta=1}^{N} p_{\alpha\beta}\leqslant 1 \end{Bmatrix} \tag{5-1}$$

其中，$s_{\alpha\beta}(p_{\alpha\beta})$ 是指语言术语 $s_{\alpha\beta}$ 的概率为 $p_{\alpha\beta}$，N 为 h_S 中术语的个数。需要指出的是，如果 $\sum_{\beta=1}^{N} p_{\alpha\beta}=1$，则表示拥有所有概率分布的完整信息；$\sum_{\beta=1}^{N} p_{\alpha\beta}<1$ 则表示存在部分未知的信息，$\sum_{\beta=1}^{N} p_{\alpha\beta}=0$ 意味着信息完全未知。

②PLTS 的规范化

PLTS 的规范化有两个不同的任务，第一个是将 PLTS 归一化，第二个是为了便于计算而使 PLTS 的基数规范化。

令 $S=\{s_k \mid k=-t, \cdots, -1, 0, 1, \cdots, t\}$ 为一个有限的完全有序的离散语言术语集，$h_S=\left\{s_{\alpha\beta}(p_{\alpha\beta}) \mid s_{\alpha\beta}\in S, p_{\alpha\beta}\geqslant 0, \beta=1, 2, \cdots, N, \sum_{\beta=1}^{N} p_{\alpha\beta}\leqslant 1\right\}$ 为一个 PLTS。其中，若 $\sum_{\beta=1}^{N} p_{\alpha\beta}<1$，则需要对 h_S 进行处理，使 $\{p_{\alpha\beta} \mid \beta=1, 2, \cdots, N\}$ 可被视为一个概率分布。基于以下假设研究这个问题：如果一个语言术语 $s_{\alpha\beta}$ 不出现在 h_S 中，那么它不应该出现在规范化的 PLTS 中，因此，未知信息的概率被平均分配给 h_S 中的语言术语。

定义 2 [180] 令 $S=\{s_k \mid k=-t, \cdots, -1, 0, 1, \cdots, t\}$ 为一个有限的完全有序的离散语言术语集，$h_S=\left\{s_{\alpha\beta}(p_{\alpha\beta}) \mid s_{\alpha\beta}\in S, p_{\alpha\beta}\geqslant 0, \beta=1, 2, \cdots, N, \sum_{\beta=1}^{N} p_{\alpha\beta}\leqslant 1\right\}$ 为一个 PLTS。其中，若 $\sum_{\beta=1}^{N} p_{\alpha\beta}<1$，则归一化后的 PLTS 为：

$$h'_S=\left\{s_{\alpha\beta}(p'_{\alpha\beta}) \mid s_{\alpha\beta}\in S, p'_{\alpha\beta}\geqslant 0, \beta=1, 2, \cdots, N, \sum_{\beta=1}^{N} p'_{\alpha\beta}=1\right\} \tag{5-2}$$

其中 $p'_{\alpha\beta}=p_{\alpha\beta}\Big/\sum_{\beta=1}^{N} p_{\alpha\beta}$，$\beta=1, 2, \cdots, N$

在实际决策过程中，几个 PLTS 中的语言术语数量不同的情况较为常见，为了便于分析，统一以语言术语数量最多的 PLTS 为基准，增加语言术语数量较少的 PLTS，使所有 PLTS 具有相同的语言术语数量。并且规定所有增加的语言术语的概率为零，这样可以有效避免改变原始信息。

定义 3 [181] 令 $h_{S_1}=\left\{s^1_{\alpha\beta}(p^1_{\alpha\beta}) \mid s^1_{\alpha\beta}\in S, p^1_{\alpha\beta}\geqslant 0, \beta=1, 2, \cdots, N_1, \sum_{l=1}^{N_1} p^1{}_{\alpha\beta}\leqslant 1\right\}$ 为一个 PLTS，$h_{S_2}=\left\{s^2_{\alpha\beta}(p^2_{\alpha\beta}) \mid s^2_{\alpha\beta}\in S, p^2_{\alpha\beta}\geqslant 0, \beta=1, 2, \cdots, N_2, \sum_{l=1}^{N_2} p^2{}_{\alpha\beta}\leqslant 1\right\}$ 为一个 PLTS。其中，这

两个 PLTS 的语言术语个数分别为 N_1、N_2，则规范过程如下：

a. 如果 $\sum_{\beta=1}^{N_1} p^1{}_{\alpha\beta} < 1$，$\sum_{\beta=1}^{N_2} p^2{}_{\alpha\beta} < 1$，则由式(5-2)计算 h'_{S_1}，h'_{S_2}

b. 如果 $N_1 \neq N_2$，则给元素较少的集合增加一些元素。即若 $N_1 > N_2$，则给 h_{S_1} 中最小的语言增加 $N_1 - N_2$ 个语言术语数量，并规定增加语言术语的概率为零；反之亦然。得到的 PLTS 被称作规范化的 PLTS。为了方便呈现，规范化的 PLTS 也可以以 h_{S_1} 与 h_{S_2} 表示。

③理论基础

熵是系统的状态函数，是衡量系统无序、有序性的核心指标。危机的发生就是系统的无序程度即熵增加的过程。系统产生熵增后，会向其他系统或环境吸收负熵以抵消熵增，进而导致其他系统的熵增依次传递，最终使得危机逐渐蔓延。根据已有的由于模糊语言熵和 PLTS 的概念，本书提出概率语言熵的概念。

令 $S = \{s_k \mid k = -t, \cdots, -1, 0, 1, \cdots, t\}$ 为一个有限的、完全有序的离散语言术语集合，概率语言术语集可表示为 $h_S = \left\{ s_{\alpha\beta}(p_{\alpha\beta}) \mid s_{\alpha\beta} \in S,\ p_{\alpha\beta} \geqslant 0,\ \beta = 1, 2, \cdots, N,\ \sum_{\beta=1}^{N} p_{\alpha\beta} \leqslant 1 \right\}$，$N$ 为概率语言术语集中语言术语的个数。h_S 的期望可以定义为 $E(h_S) = \sum_{l=1}^{N} f(s_{\alpha\beta}) p_{\alpha\beta}$，其中 $f(s_{\alpha\beta})$ 为犹豫模糊语言元素到犹豫模糊元素的等价函数。h_S 的熵需要满足以下条件：

a. $0 \leqslant E(h_S) \leqslant 1$

b. 当且仅当 $N = 2$，$p_{\alpha 1} = p_{\alpha_2} = \dfrac{1}{2}$ 且 $f(s_{\alpha 1}) + f(s_{\alpha 2}) = 1$ 时，$E(h_S) = 1$

综上，本书在已有研究的基础上定义三种概率语言熵[182]：

$$E_1(h_s) = \frac{1}{2N(\sqrt{2} - 1)} \sum_{l=1}^{N} \left(\sin \frac{\pi p_{\alpha\beta}}{2} + \cos \frac{\pi p_{\alpha\beta}}{2} + \right.$$

$$\sin \frac{\pi (f(s_{\alpha\beta}) + f(s_{\alpha(N-l+1)}))}{4} +$$

$$\cos\frac{\pi(f(s_{\alpha\beta})+f(s_{\alpha(N-l+1)}))}{4}-2\Big) \tag{5-3}$$

$$E_2(h_s)=-\frac{1}{2N\ln 2}\sum_{l=1}^{N}\Big[p_{\alpha\beta}\ln p_{\alpha\beta}+(1-p_{\alpha\beta})\ln(1-p_{\alpha\beta})+$$
$$\frac{f(s_{\alpha\beta})+f(s_{\alpha(N-l+1)})}{2}ln\frac{f(s_{\alpha\beta})+f(s_{\alpha(N-l+1)})}{2}+$$
$$\frac{2-f(s_{\alpha\beta})-f(s_{\alpha(N-l+1)})}{2}ln\frac{2-f(s_{\alpha\beta})-f(s_{\alpha(N-l+1)})}{2}\Big] \tag{5-4}$$

$$E_3(h_s)=\frac{1}{2N(2^{(1-a)b}-1)}\sum_{l=1}^{N}\Big\{[p_{\alpha\beta}{}^{a}+(1-p_{\alpha\beta}{}^{a})]^{b}+$$
$$\Big[\Big(\frac{f(s_{\alpha\beta})+f(s_{\alpha(N-l+1)})}{2}\Big)^{a}+$$
$$\Big(1-\frac{f(s_{\alpha\beta})+f(s_{\alpha(N-l+1)})}{2}\Big)^{a}\Big]^{b}-2\Big\} \tag{5-5}$$

(2) 多目标优化思想

应急管理的关键在于通过建模分析、处理并解决复杂的多目标优化问题[183]。垃圾邻避危机具有多主体、多因素、多情景、多变化等特征，这些特征往往涉及定性和定量的综合判断。

背包 0-1 问题可被描述为：物品的数量为 k ，m_i 、n_i 分别为单个物品的重量和价值（ $i=1, 2, 3..., n$ ），背包的最大承重为 m ，物品 i 被放入则记为 $x_i=1$，反之记为 $x_i=0$，背包中放入物品后的总重量记为 $\sum_{i=1}^{k}m_ix_i$ ，总价值记为 $\sum_{i=1}^{k}n_ix_i$ 。若要寻求能同时满足背包可承受且总价值最大时放入物品的最佳数量，则该问题的数学模型可表述为式(5-6)所示。

$$\begin{aligned}&\text{maxmize}\sum_{i=1}^{k}n_ix_i\\&\text{subject to}\sum_{i=1}^{k}m_ix_i\leqslant m\end{aligned} \tag{5-6}$$

随着工业设计以及科学研究领域的各类复杂优化问题的不断深

入，使用传统的优化算法在解决复杂优化问题时遇到了很多的困难，在这种背景下，群体智能优化算法的产生为解决复杂优化问题提供了新的思路。在众多群体智能算法中，遗传算法因其强大的全局搜索功能、鲁棒性高、适应性强、计算过程简单、便于与其他算法结合等特征，成为解决 NP 问题的有效方法。近年来，有较多研究将遗传算法用于解决 0-1 背包问题，有效改善了问题求解的效率问题。遗传算法一般采用 0-1 型二进制编码，其优点是简易、应用广泛、稳定，但是不能较好地反映基因结构，因此学者提出了实数编码[184]、Gray 编码[185]、DNA 编码[186]，改进型的编码在解决特定问题的研究中具有较大的灵活性。本书采用根据矩阵位置进行编码的矩阵点位编码法，实现编码交叉、变异的灵活性、简便性和直观性，便于在 MATLAB 中解决矩阵运算问题。

(3)改进 NSGA-Ⅱ的垃圾邻避危机识别模型

非支配排序遗传算法(Non-dominated Sorting Genetic Algorithms，NSGA)是基于 Pareto 最优解的遗传算法，首先调整虚拟适应度数值对种群进行分层，然后基于拥挤策略，保持个体适应度的优势，增大等级较低的非支配个体进入下一代的机会，该算法计算较复杂，且需要制定共享半径。基于此，带精英策略的非支配排序遗传算法(Non-dominated Sorting Genetic Algorithms Ⅱ，NSGA-Ⅱ)一方面提出快速非支配排序，降低计算复杂度。另一方面引入拥挤度和精英策略，提高种群的多样性[187]。

①快速非支配排序法

设 $A(\delta)$ 为支配个体 δ 的解个体的数量，$B(\delta)$ 为被个体 δ 所支配的解个体的集合。$F(1)$ 为 $A(\delta)=0$ 的第一级非支配个体集合，对于集合 $F(1)$ 中个体 X，支配个体集 $B(X)$ 中的个体为 ε，将满足 $A(\varepsilon)-1=0$ 的个体 ε 存入另一个集合 C，以此类推，重复分级步骤，直到所有的个体都被分级。快速非支配算法原理如图 5-2 所示。

②确定拥挤度

个体拥挤度 ρ_d 表示个体 d_i 及周围 d_{i-1}，d_{i+1} 三者构成的最小矩形，表示如图 5-3 所示。

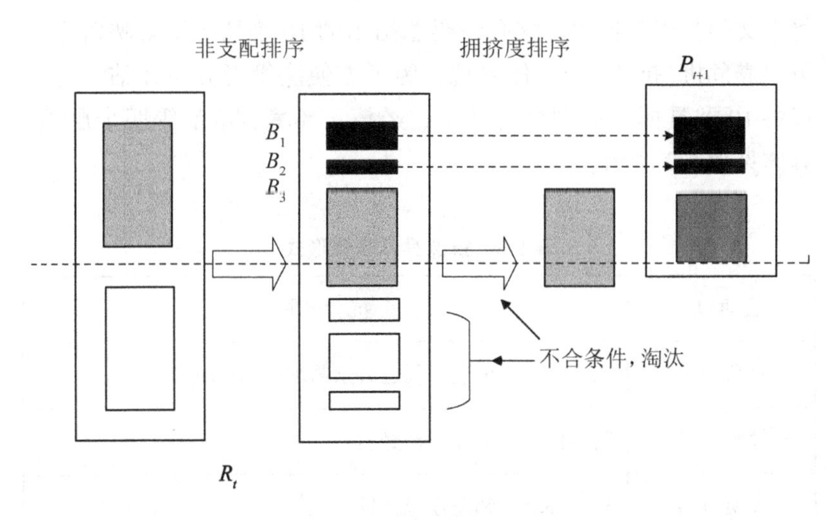

图 5-2 快速非支配排序原理

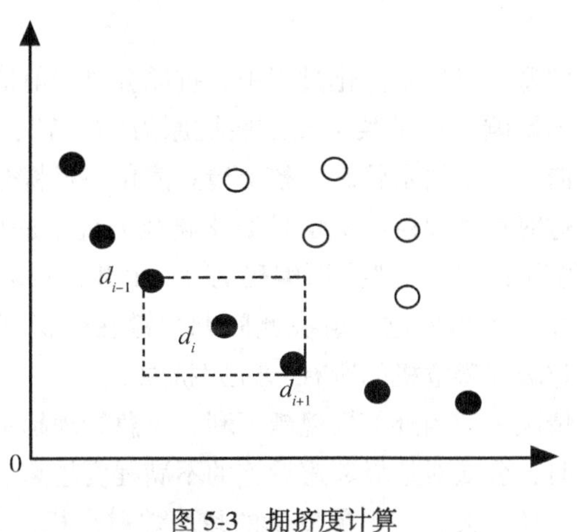

图 5-3 拥挤度计算

由图 5-3 可知，当个体所在的最小矩形面积较小，即 ρ_d 值较小，表示该个体周围比较拥挤。在同一级非支配层中，为保证种群的多样性，优先选择 ρ_d 较大，周围不拥挤的个体。

(4) 垃圾邻避危机识别思想

垃圾邻避危机识别是危机演化的延续，沿用情景构建的方法，将上文中基于扎根理论核心编码总结出的 10 个情景要素映射为垃圾邻避危机(抗原)的具体表现，为了方便决策者方案评估，进一步将 10 类具体抗原划分为社会、经济、环境、政治等四个层面，具体见表 5-2 所示。

表 5-2　抗原具体表现形式

层面(L)	抗　原
社会(L_1)	风险认知、公众信任、公众需求、邻避抗争
经济(L_2)	利益博弈、企业生产经营
环境(L_3)	外部环境、邻避设施选址
政治(L_4)	政府响应策略、政府行为与态度

在垃圾邻避危机情景演化过程中，抗原会对当前情景状态产生积极或消极的影响，如果某个或某些抗原为“非己”，当前情景状态会因此转向下一个情景状态，整个情景演化路径将会朝着悲观方向发展。通过对垃圾邻避危机情景演化路径的抗原进行编码，“非己”抗原编码为 1，“自己”抗原编码为 0。由此，垃圾邻避危机识别可归结为 0–1 背包问题，解决此问题关键在于识别情景演化过程中会导致垃圾邻避危机的所有“非己”抗原。

在实际情况中，当外部情境越不利、应急管理越不及时、情景状态越混乱时，公众对垃圾邻避设施的不满程度越高，垃圾邻避危机爆发的可能性越大。基于免疫学的垃圾邻避危机识别的思路为：首先将外部环境($E_{\min}$)、应急管理($M_{\min}$)情景状态($S_{\max}$)设为 3 个决策目标，建立基于背包问题的无约束多目标优化模型；然后运用概率语言熵构建垃圾邻避危机识别决策矩阵，最后根据改进的 NSGA-Ⅱ对垃圾邻避危机识别模型进行求解，求得最可能爆发垃圾邻避危机的所有要素组合。

5.3.2 建模步骤

(1)概率语言熵决策矩阵

设$H=(h_{S_{mn}})_{ji}$，$m=1, 2, 3, \cdots, j$；$n=1, 2, 3, \cdots, i$，则概率语言决策矩阵H可以表示为：

$$H=\begin{bmatrix} h_{S_{11}} & h_{S_{12}} & \cdots & h_{S_{1i}} \\ h_{S_{21}} & h_{S_{22}} & \cdots & h_{S_{2i}} \\ \vdots & \vdots & \ddots & \vdots \\ h_{S_{j1}} & h_{S_{j2}} & \cdots & h_{S_{ji}} \end{bmatrix} \tag{5-7}$$

(2)适应度函数

一共有三个识别目标：应急管理调用资源最少($M_{\min}$)、外部情境投入最小($E_{\min}$)、情景状态最混乱($S_{\max}$)

$$f_{T_1}=\sum_{i=1}^{n} M_i \tag{5-8}$$

$$f_{T_2}=\sum_{i=1}^{n} E_i \tag{5-9}$$

$$f_{T_3}=\sum_{i=1}^{n} S_i \tag{5-10}$$

(3)改进的 NSGA-Ⅱ算法的基本流程

首先，根据实际研究问题，确定问题参数集并进行矩阵编码，得到初始化父代种群，进行非支配排序后，通过选择、交叉、变异得到第一代子种群；然后合并父代和子代种群，形成新的种群，进行快速分层后，选择非支配排序序号较小、拥挤度较大的个体组成新的父代种群；最后，通过遗传算法的基本操作产生新的子代种群；依此类推，直到满足程序结束的条件。该算法的流程图如图5-4所示。

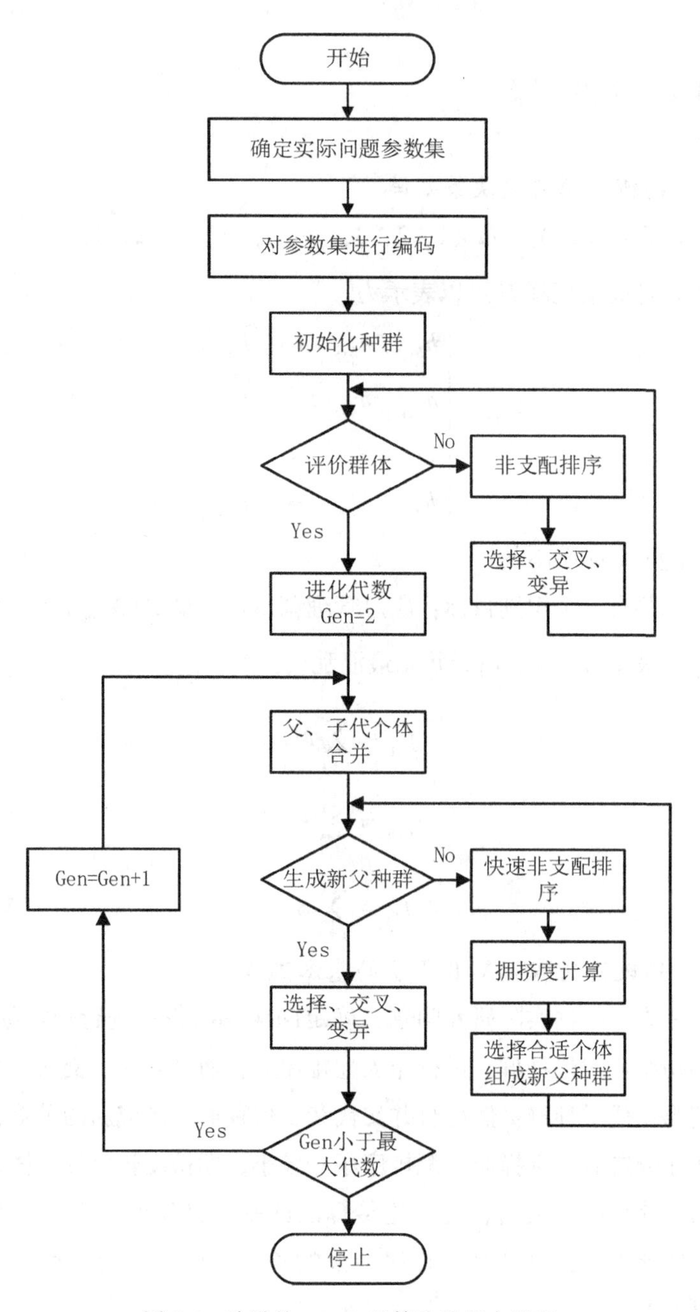

图 5-4　改进的 NSGA-Ⅱ算法的基本流程

5.3.3 模型检验

(1)问题描述

基于湖北仙桃垃圾焚烧项目的案例背景，仙桃垃圾焚烧邻避危机的来源有三类：情景状态 S、外部情景 E、应急管理 M，需要从社会 L_1、经济 L_2、环境 L_3和政治 L_4四个层面识别危机的来源。此外，由于垃圾邻避危机识别往往具有较大的不确定性、模糊性、犹豫性，不仅要考虑垃圾处理相关技术性、专业性的“硬条件”，还要考虑垃圾邻避项目选址地区经济、社会、生态发展状况、社情民意现实需求等“软指标”。因此，垃圾邻避危机识别应该包含五种关键属性：暴露性 R_1、易感性 R_2、风险性 R_3、稳定性 R_4、严重性 R_5。

暴露性是指非己抗原暴露的程度，不仅影响垃圾邻避危机爆发的可能性，还影响到垃圾邻避危机可能造成的破坏性程度。通过观察各项异常指标的变化可了解垃圾邻避危机的征兆。

易感性是指民众在信息扩散网络中的社会影响力极其容易感染的程度，垃圾邻避危机具有民众敏感度高，信息扩散快的特点，挖掘危机信息的传递特征，感知潜在风险及其变化可为其社会放大效应提供依据。

风险性是垃圾邻避项目建设的内在属性，技术指标衡量风险，而人们感知风险。在垃圾邻避项目建设中，由风险认知差异导致的应对策略和风险过激行为是风险在形态、规模和特性上不断演化的结果。

稳定性是衡量民众对垃圾邻避项目情感表现出负面能量和不稳定性，相比于制度内渠道抗争，游行示威等暴力抗争方式往往能直接、有效地导致垃圾邻避项目流产，因此民众采取强烈的、高度情绪化的集体反对的方式表达利益诉求。

严重性是体现垃圾邻避危机对社会秩序稳定的冲击，以及对执政话语权的挑战，危机的严重性通过影响民众行为和政策调整而间接作用于政府信任，导致相关政策制定反复更迭，政策执行困难重重。危机后果严重性要结合垃圾邻避危机发展的具体情况和特点，评估垃圾邻避危机的损失程度。

(2)评价规则

根据仙桃垃圾邻避危机情景演化态势，综合考虑垃圾邻避危机识别要素的四个层面及五种关键属性，邀请经验丰富、专业知识储备深厚的权威专家，分别对垃圾邻避危机三个来源进行评估。由于评价因素较多，为了全面准确地评价，专家决策评价信息用犹豫模糊语言术语元表征。为了更好地表达专家对评选对象的评价，列出评价语言术语集 $Z=\{z_{-3},\ z_{-2},\ z_{-1},\ z_0,\ z_1,\ z_2,\ z_3\}$，其分别表示评价为“很差”“差”“较差”“一般”“较好”“好”“很好”。

(3)决策矩阵

原始决策矩阵如表 5-3 所示，其中“/”表示由于信息不全或自身不清楚等原因，无法做出判断的情况。通过总结原始决策矩阵的数据信息，可以根据 PLTS 的形式得到总的决策矩阵，然后进行规范化及有序化，处理后的语言决策矩阵如表 5-4 所示。

(4)计算概率语言熵

根据式(5-3)，式(5-4)，式(5-5)分别计算规范后的 E 语言决策矩阵、S 语言决策矩阵、M 语言决策矩阵，得到概率语言熵，如表 5-5 所示。

(5)改进的 NSGA-Ⅱ算法求解

将表 5-5 中的结果按照改进的 NSGA-Ⅱ算法流程进行仿真运算，最后得到的 Pareto 非支配解如图 5-5 所示。

表 5-3 原始决策矩阵

决策者	属性 层面	E 语言决策					S 语言决策					M 语言决策				
		R_1	R_2	R_3	R_4	R_5	R_1	R_2	R_3	R_4	R_5	R_1	R_2	R_3	R_4	R_5
决策者 1	L_1	z_0	z_{-1}	z_1	z_0	z_0	z_1	z_{-1}	z_1	z_0	z_0	z_1	z_{-1}	z_1	z_0	/
	L_2	z_1	z_1	z_{-1}	z_1	z_0	z_0	z_1	z_{-1}	z_1	z_0	z_0	z_0	z_{-1}	z_1	z_0
	L_3	/	z_1	z_0	z_0	z_1	z_2	z_2	/	z_0	z_1	z_1	z_2	z_0	z_0	z_1
	L_4	z_2	z_0	z_1	z_2	z_0	z_1	z_0	z_1	z_0	z_0	z_2	z_1	z_1	z_0	z_0
决策者 2	L_1	z_0	z_0	z_1	z_0	z_0	z_0	/	z_2	z_0	z_0	z_0	z_0	z_2	z_0	z_0
	L_2	z_0	z_2	z_0	/	z_{-1}	z_1	z_0	z_0	z_{-1}	z_{-1}	z_1	z_0	z_0	z_0	z_{-1}
	L_3	z_1	z_1	z_1	z_2	z_{-1}	z_2	z_1	z_1	/	z_{-1}	z_1	z_0	z_1	/	z_{-1}
	L_4	z_2	z_0	z_{-1}	z_0	z_1	z_0	z_0	z_{-1}	z_0	z_1	z_0	/	z_0	z_0	z_1
决策者 3	L_1	z_0	z_{-1}	z_1	z_0	z_1	z_1	z_{-1}	z_1	z_0	z_1	z_1	z_{-1}	z_1	z_{-1}	z_1
	L_2	z_2	z_1	z_0	z_1	z_0	/	z_0	z_0	z_1	z_0	z_2	z_0	/	z_1	z_0
	L_3	z_0	z_0	z_1	z_2	/	z_0	z_0	z_1	z_2	z_{-1}	z_0	z_0	z_1	z_1	z_{-1}
	L_4	z_1	/	z_{-1}	z_0	z_0	z_2	z_0	z_{-1}	z_0	z_0	z_2	z_0	z_0	z_0	z_0

续表

决策者	属性 层面	E 语言决策					S 语言决策					M 语言决策				
		R_1	R_2	R_3	R_4	R_5	R_1	R_2	R_3	R_4	R_5	R_1	R_2	R_3	R_4	R_5
决策者 4	L_1	z_0	z_0	z_0	z_1	z_1	z_1	z_0	z_0	z_1	z_1	z_1	z_0	z_1	z_{-1}	z_0
	L_2	z_1	z_1	z_0	z_1	z_0	z_1	z_1	z_2	z_1	/	z_1	z_1	z_1	z_1	z_{-1}
	L_3	/	z_{-1}	z_1	/	z_0	z_0	z_2	z_2	/	z_0	z_0	z_2	z_0	/	z_0
	L_4	z_0	z_{-1}	z_{-1}	z_0	z_0	z_0	z_1	z_{-1}	z_0	z_0	z_0	z_1	z_0	z_2	z_0
决策者 5	L_1	z_1	z_1	/	z_1	z_1	z_2	z_1	z_0	z_1	z_1	/	z_1	z_0	z_2	z_1
	L_2	z_1	z_2	z_{-1}	z_{-1}	z_0	z_0	z_1	z_{-1}	z_1	z_0	z_0	z_0	z_{-1}	z_1	z_0
	L_3	z_0	z_0	z_0	z_1	/	z_0	z_0	z_1	z_1	z_0	z_0	z_0	z_2	z_1	z_0
	L_4	z_0	z_{-1}	z_{-1}	z_2	z_0	z_0	z_1	z_{-1}	z_3	z_0	z_0	/	z_0	z_1	z_{-1}

表 5-4 规范后决策矩阵

		R_1	R_2	R_3	R_4	R_5
E 语言决策	L_1	$z_1(0.2)$；$z_0(0.8)$；$z_0(0)$	$z_1(0.2)$；$z_0(0.4)$；$z_{-1}(0.4)$	$z_1(0.75)$；$z_0(0.25)$；$z_0(0)$	$z_1(0.4)$；$z_0(0.6)$；$z_0(0)$	$z_1(0.6)$；$z_0(0.4)$；$z_0(0)$
	L_2	$z_2(0.2)$；$z_1(0.6)$；$z_0(0.2)$	$z_2(0.4)$；$z_1(0.6)$；$z_1(0)$	$z_0(0.6)$；$z_{-1}(0.4)$；$z_{-1}(0)$	$z_1(0.75)$；$z_{-1}(0.25)$；$z_{-1}(0)$	$z_0(0.8)$；$z_{-1}(0.2)$；$z_{-1}(0)$
	L_3	$z_1(0.33)$；$z_0(0.67)$；$z_0(0)$	$z_1(0.4)$；$z_0(0.4)$；$z_{-1}(0.2)$	$z_1(0.6)$；$z_0(0.4)$；$z_0(0)$	$z_2(0.5)$；$z_1(0.25)$；$z_0(0.25)$	$z_1(0.33)$；$z_0(0.33)$；$z_{-1}(0.34)$
	L_4	$z_2(0.4)$；$z_1(0.2)$；$z_0(0.4)$	$z_0(0.5)$；$z_{-1}(0.5)$；$z_{-1}(0)$	$z_1(0.2)$；$z_{-1}(0.8)$；$z_{-1}(0)$	$z_2(0.4)$；$z_0(0.6)$；$z_0(0)$	$z_1(0.2)$；$z_0(0.8)$；$z_0(0)$
S 语言决策	L_1	$z_2(0.2)$；$z_1(0.6)$；$z_0(0.2)$	$z_1(0.25)$；$z_0(0.25)$；$z_{-1}(0.50)$	$z_2(0.2)$；$z_0(0.4)$；$z_{-1}(0.4)$	$z_1(0.4)$；$z_0(0.6)$；$z_0(0)$	$z_1(0.6)$；$z_0(0.4)$；$z_0(0)$
	L_2	$z_1(0.5)$；$z_0(0.5)$；$z_0(0)$	$z_1(0.4)$；$z_0(0.6)$；$z_0(0)$	$z_2(0.2)$；$z_0(0.4)$；$z_{-1}(0.4)$	$z_1(0.8)$；$z_{-1}(0.2)$；$z_{-1}(0)$	$z_0(0.75)$；$z_{-1}(0.25)$；$z_{-1}(0)$
	L_3	$z_2(0.4)$；$z_0(0.6)$；$z_0(0)$	$z_2(0.4)$；$z_1(0.2)$；$z_0(0.4)$	$z_2(0.25)$；$z_1(0.75)$；$z_1(0)$	$z_2(0.33)$；$z_1(0.33)$；$z_0(0.34)$	$z_1(0.2)$；$z_0(0.4)$；$z_{-1}(0.4)$
	L_4	$z_2(0.2)$；$z_1(0.2)$；$z_0(0.6)$	$z_1(0.4)$；$z_0(0.6)$；$z_0(0)$	$z_1(0.2)$；$z_{-1}(0.8)$；$z_{-1}(0)$	$z_3(0.2)$；$z_0(0.8)$；$z_0(0)$	$z_1(0.2)$；$z_0(0.8)$；$z_0(0)$

续表

		R_1	R_2	R_3	R_4	R_5
M语言决策	L_1	$z_1(0.75)$；$z_0(0.25)$；$z_0(0)$	$z_1(0.2)$；$z_0(0.4)$；$z_{-1}(0.4)$	$z_2(0.2)$；$z_1(0.6)$；$z_0(0.2)$	$z_2(0.2)$；$z_0(0.4)$；$z_{-1}(0.4)$	$z_1(0.5)$；$z_0(0.5)$；$z_0(0)$
	L_2	$z_2(0.2)$；$z_1(0.4)$；$z_0(0.4)$	$z_1(0.2)$；$z_0(0.8)$；$z_0(0)$	$z_1(0.25)$；$z_0(0.25)$；$z_{-1}(0.5)$	$z_1(0.8)$；$z_0(0.2)$；$z_0(0)$	$z_1(0.6)$；$z_0(0)$；$z_{-1}(0.4)$
	L_3	$z_1(0.4)$；$z_0(0.6)$；$z_0(0)$	$z_2(0.4)$；$z_0(0.6)$；$z_0(0)$	$z_2(0.2)$；$z_1(0.4)$；$z_0(0.4)$	$z_1(0.67)$；$z_0(0.33)$；$z_0(0)$	$z_1(0.2)$；$z_0(0.4)$；$z_{-1}(0.4)$
	L_4	$z_2(0.4)$；$z_0(0.6)$；$z_0(0)$	$z_1(0.67)$；$z_0(0.33)$；$z_0(0)$	$z_1(0.2)$；$z_0(0.8)$；$z_0(0)$	$z_2(0.2)$；$z_1(0.2)$；$z_0(0.6)$	$z_1(0.2)$；$z_0(0.6)$；$z_{-1}(0.2)$

表 5-5 概率语言熵

		R_1	R_2	R_3	R_4	R_5
E 概率语言熵	L_1	0.71	0.92	0.75	0.82	0.82
	L_2	0.87	0.82	0.82	0.75	0.71
	L_3	0.79	0.92	0.82	0.91	0.94
	L_4	0.92	0.83	0.71	0.82	0.71
S 概率语言熵	L_1	0.90	0.94	0.94	0.82	0.82
	L_2	0.83	0.82	0.94	0.74	0.77
	L_3	0.82	0.94	0.77	0.96	0.94
	L_4	0.90	0.82	0.74	0.74	0.74
M 概率语言熵	L_1	0.79	0.96	0.93	0.83	0.99
	L_2	0.96	0.77	0.96	0.77	0.80
	L_3	0.83	0.83	0.96	0.81	0.79
	L_4	0.83	0.81	0.77	0.93	0.93

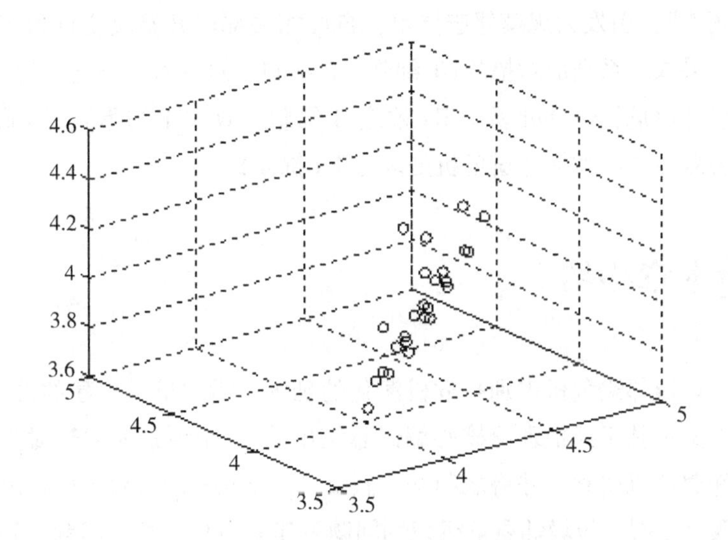

图 5-5 Pareto 前沿面非支配最优解

由图 5-5 的结果，Pareto 前沿面上的 25 个非支配最优解，根据决策矩阵的含义对多目标 Pareto 最优解集进行快速筛选，其对应的层面与属性的组合为(社会、暴露性)(社会、风险性)(经济、易感性)(经济、严重性)(环境、稳定性)(环境、严重性)(政治、风险性)。

细化到情景演化要素层面，仙桃垃圾邻避危机产生的根源是由于以下"非己"抗原攻击垃圾邻避危机免疫复杂系统引起的免疫反应：垃圾邻避设施的负外部性的特点，其对于垃圾邻避危机免疫复杂系统而言，是属于"异源性"物质，在新时代的社会经济情境下，邻避设施选址容易引发公众关注和反应，公众感知系统抗原后，基于自身的风险认知感知到利益受损，通过各种渠道表达自身不满，由于反抗力量的"剂量"不足，负责监测邻避危机的人员(T 细胞)和负责处理垃圾邻避危机的人员(B 细胞)在感知到垃圾邻避危机信号的时候，并没有及时采取积极的响应策略为公众解疑释惑。当公众表达利益诉求的情绪不断高涨、激烈，垃圾邻避危机达到"危机阈值"，引发大规模邻避抗争，自此相关部门开始改变行为与态度，采取一系列应对措施(T 细胞、B 细胞开始增殖、分化)，成立垃圾邻避危机事件处理小组(效应 B 细胞、效应 T 细胞)，形成满足公众需求的垃圾邻避危机处理方案(抗体)。

本章小结

垃圾邻避危机识别是危机演化的延续，沿用情景构建的方法，将上文中基于扎根理论核心编码总结出的 10 个情景要素映射为垃圾邻避危机要素，并将之归纳为社会 L_1、经济 L_2、环境 L_3和政治 L_4四个层面，垃圾邻避危机识别问题被建模为 0–1 背包问题，解决此问题关键在于识别情景演化过程中的会导致垃圾邻避危机的所有"非己"抗原。首先将外部环境(E_{min})、应急管理(M_{min})情景状态

(S_{max})设为3个决策目标，建立基于背包问题的无约束多目标优化模型；然后确定危机的五种关键属性：暴露性R_1、易感性R_2、风险性R_3、稳定性R_4、严重性R_5，运用概率语言熵构建垃圾邻避危机识别决策矩阵。最后根据改进的NSGA-Ⅱ对垃圾邻避危机识别模型进行求解，求得最可能爆发垃圾邻避危机的所有要素组合。

第6章 基于复杂系统整体性的垃圾邻避危机转化路径

垃圾邻避危机转化路径是多因素相互影响、共同作用的复杂整体性问题，揭示垃圾邻避危机转化路径变量的联合效应，不仅为充分理解垃圾邻避危机转化的复杂性本质提供分析工具，而且还能为垃圾邻避危机成功转化提供解决方案。因此，本章将研究重点置于以下问题：垃圾邻避危机的转化路径是怎样的？影响垃圾邻避危机转化路径的因素有哪些？这些因素以何种组合状态共同作用于垃圾邻避危机治理？

6.1 垃圾邻避危机转化的路径挖掘

6.1.1 垃圾邻避危机转化路径设计

关于危机情景空间，杨青教授团队(2015)提出了危机转化“名利”情景空间，详细阐述了“名”维度和“利”维度的内涵，构建了两者在时空情景中的复杂关联，并揭示了危机情景演化的三种模式[188]。本书在“名利”空间情景演化模型的基础上，结合垃圾邻避危机转化的实践特征，构建面向政府、民众、企业等多主体的“功-名-利”三维空间模型。

垃圾邻避危机转化路径的“功”维度。“功”即“功绩”“功能”“功效”，从积极方面来说，“立功”关注的是如何促进项目顺利建成。政府作为推进垃圾邻避设施建设的主导力量，应该转变传统政绩观，在垃圾邻避设施规划选址之初既要考虑设施的实际功能效应，又要借鉴国内外相关项目的成功经验预防垃圾邻避危机爆发。统筹推动多元主体实现功能互补，构建多元主体协商参与平台，整合非政府组织的润滑剂功能，鼓励企业对垃圾处理技术及设备的升级，推进公民维权理性化、制度化，实现多主体预期的结果或者成效。

垃圾邻避危机转化路径的“名”维度。“名”即“名誉”“名声”“名气”，从积极方面来说，“求名”关注的是如何获得民众信任。民众谈“垃圾”色变，望“焚烧”而逃，对垃圾焚烧设施避而远之等，都说明垃圾邻避设施损害了周边社区的名声和形象。政府要保障民众对垃圾邻避设施建设相关信息的知情权和参与权，从而提高公众信任度，规范垃圾焚烧厂技术运营管理，提升焚烧厂的信誉，维护垃圾焚烧发电的名声。做到“建不建”问需于民、“怎么建”问计于民、“建得好不好”问绩于民。

垃圾邻避危机转化路径的“利”维度。“利”即“利益”“利途”“利弊”，从积极方面来说，“谋利”关注的是如何达到利益均衡。垃圾邻避设施利益关系复杂，一方面它能为全社会提供公共服务，为环保企业提供利润增长点，为政府提升政绩和增加财税，但是也会威胁周边民众的身心健康，造成资产贬值的风险。需要通过货币补偿、实物补偿或权益性补偿等方式重新平衡各主体的利益，政府进一步完善公共服务，企业分配出一定的预期经营收益，优化垃圾邻避设施周边公共环境，提供就业支持，弥补项目实施后对居住环境、土地价值等方面的实际影响。垃圾邻避危机演化路径的“功-名-利”三位一体空间模型如图 6-1 所示。

区域Ⅰ代表“得功-得名-得利”。这种情况下的垃圾邻避危机实现完全转化，是最理想的状态，经过多方协商沟通，垃圾邻避设施原址成功建成。政府调整决策模式，及时进行信息公开，保障民众的知情权和参与权，完成促进区域发展的目标，获得民众的支持和

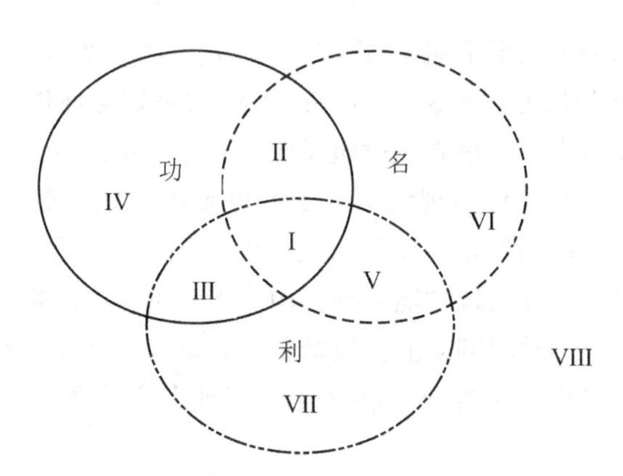

图 6-1　垃圾邻避危机转化路径的“功-名-利”模型

注：左上方实线圆代表“功”维度，右上方虚线圆代表“名”维度，正下方点线圆代表“利”维度，这三个维度的空间集合可以分为 8 种情况。

信任。企业有较强的社会责任感，以优设备、强技术、高标准来践行无害化处理，降低周边民众健康风险，获得民众的理解与包容。民众通过参与协商，降低了风险认知，改观了对垃圾邻避设施的刻板印象，接受垃圾邻避设施的建设并获得满意的补偿。

区域Ⅱ代表“得功-得名-失利”。这种情况下的垃圾邻避危机实现不完全转化，经过多方博弈，垃圾邻避设施地址建成。政府由于经济和政治的双重激励驱动，倾向于支持垃圾邻避设施项目的建成。为缓解“垃圾围城”的困境，经过反复论证，以迁建为策略尽快平息事态，换取社会稳定。迁址对垃圾处理企业造成了巨大的经济损失与时间成本，导致企业投资建设的积极性备受打击，政府失去发展当地区域经济社会的契机，同时建设垃圾处理企业，民众丧失享受就业机会、获得经济赔偿等福利。

区域Ⅲ代表“得功–失名–得利”。这种情况下的垃圾邻避危机实现不完全转化，经过多方博弈，垃圾邻避设施原址改建。政府及时采取措施有效控制事态，由于前期与民众的协商不足，民主乏力，民众对政府和企业的信任有所缺失，但政府通过现金补偿、提供定期体检、商业保险、就业等方式，保障周边民众的利益。通过相应的税收优惠机制，弥补垃圾处理企业在垃圾邻避项目停建后产

生的经济损失，保证垃圾处理企业的正常生产经营。垃圾处理企业通过增修图书馆、健身馆、生态公园的方式给周边民众带来福利。

区域Ⅳ代表"得功-失名-失利"。这种情况下的垃圾邻避危机实现不完全转化，经过多方博弈，垃圾邻避设施原址勉强建成。由于城市发展的现实需要，垃圾邻避设施必然要建成，政府采取强硬措施迅速控制局势，忽视政府良好形象的建构和维护。政治理性缺乏使地方政府和企业等将垃圾邻避风险转嫁给周边民众，这种情况下，无论什么样的补偿机制都无法起到作用，民众被迫接受项目的建设，为趋利避害，部分民众选择搬离居住地，重新适应新的社交圈和生活习惯。

区域Ⅴ代表"失功-得名-得利"。这种情况下的垃圾邻避危机实现不完全转化，经过多方博弈，垃圾邻避设施暂缓建设。民众对政府治理保持信任态度，认为政府能够考虑民众诉求，慎重处理垃圾邻避项目的建设问题。政府展示为民、亲民的形象，宣布项目暂缓建设来表明态度和立场，努力通过审议、协商、宣传教育等方式追求主体间的利益均衡，完善相应的利益补偿体系，待各利益主体达成共识后再重启项目。

区域Ⅵ代表"失功-得名-失利"。这种情况下的垃圾邻避危机实现不完全转化，经过多方博弈，垃圾邻避设施暂停建设。政府行为动机由"邀功"向"避责"转变，出于对自身承担责任和风险的规避，政府表态关于开展项目建设将充分尊重民意，重新进行项目选址论证，浪费社会资源和财富。多方利益的逆向摩擦难以有效解决，项目一直处于暂停状态，社会公共福利没有提升，限制了垃圾处理企业发展处理技术，提高产能的可能性，不利于解决日益突出的"垃圾围城"问题。

区域Ⅶ代表"失功-失名-得利"。这种情况下的垃圾邻避危机实现不完全转化，经过多方博弈，垃圾邻避设施暂停建设。民众认为地方政府引入垃圾邻避设施是出于私利而非公益考量，使用"垃圾焚烧利益集团"和"唯 GDP 论"的标语表达对垃圾邻避设施公益性的质疑。政府未重视公众的邻避风险感知偏差，更没有依据公众存在的偏差特点调整决策，垃圾邻避抗争愈演愈烈，最终地方政府在民众的抗争下被迫妥协，垃圾邻避项目建设无果而终，以民众维护自身权益胜利结束。

区域Ⅷ代表“失功-失名-失利”。这种情况下的垃圾邻避危机未转化，经过多方博弈，垃圾邻避设施永久停建。垃圾邻避项目因信息公开不透明，环评报告造假，决策程序不公正，地方政府与垃圾处理企业利益勾连，地方政府滥用权力寻求私利等遭遇民众的抵抗。政府在垃圾邻避危机潜伏期未正面与民众进行解释沟通，在垃圾邻避危机爆发时对民众抗议进行压制。政府的刚性维稳方式导致了官民二元对立格局，对当地政府的公信力与政-社关系造成了严重的负面影响。垃圾邻避设施项目的停建不仅意味着政府和垃圾处理企业投入的时间、精力和资源的浪费，以及预期利益损失的责任承担问题，还意味着亟待解决的经济、社会、环境问题无法得到及时的改善，周边区域错失发展机遇，导致社会效益、经济效益、环境效益皆输的局面。

垃圾邻避危机转化路径的“功-名-利”模型描述了垃圾邻避危机转化路径在空间上的静态关系，为充分认识当前情景状态提供了清晰的分析框架。而垃圾邻避危机转化是一个动态的过程，情景状态会随着时间的推移及事件的演变不断发生变化，为更符合危机演变规律，本书分别以“功”“名”“利”三个要素为坐标轴，并由三轴坐标系的左手定则确定坐标轴的正负方向，正方向代表三个要素的“得”，负方向代表三个要素的“失”，根据三个要素的“得”“失”情况确定其在三维坐标中对应的区域，三个要素的“得”“失”空间组合一共有 $2^3=8$ 种情况。垃圾邻避危机转化路径“功-名-利”空间演化模型如图6-2所示。

由图6-2可知，垃圾邻避危机转化路径的发展可通过“功”“名”“利”三者的综合状态表征，“功”“名”“利”在时空上的演变可改变垃圾邻避危机转化路径。区域Ⅰ表示的“得功-得名-得利”是垃圾邻避危机转化的理想发展目标，“功”“名”“利”三者中的一项、两项或者三项由“失”转为“得”，即在一定程度上实现了转化。因此，其他区域7个区域应该选择何种发展路径来达到理想区域是本书分析的重点。

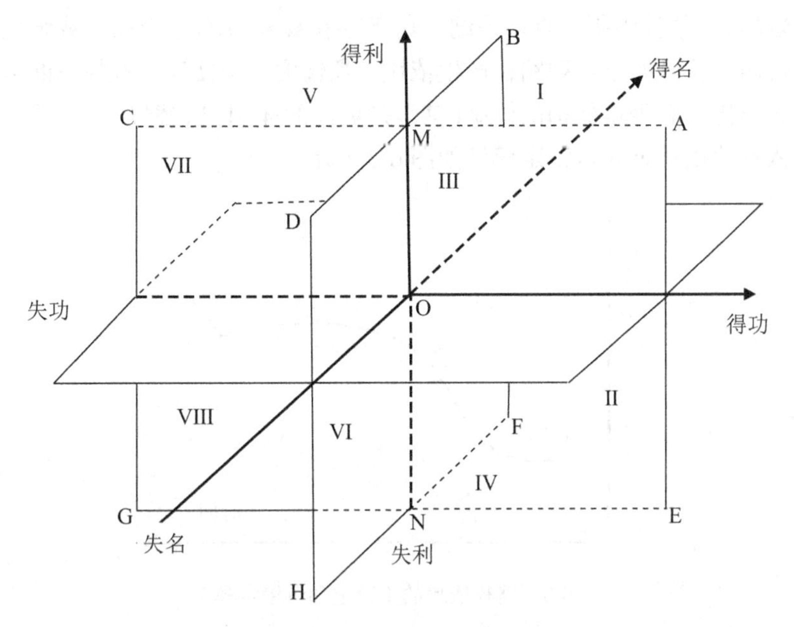

图 6-2 垃圾邻避危机转化路径"功-名-利"空间演化模型

注：∠AMB 代表的区域Ⅰ表示"得功-得名-得利"，∠ENF 代表的区域Ⅱ表示"得功-得名-失利"，∠AMD 代表的区域Ⅲ表示"得功-失名-得利"，∠ENH 代表的区域Ⅳ表示"得功-失名-失利"，∠BMC 代表的区域Ⅴ表示"失功-得名-得利"，∠FNG 代表的区域Ⅵ表示"失功-得名-失利"，∠CMD 代表的区域Ⅶ表示"失功-失名-得利"，∠HNG 为代表的区域Ⅷ表示"失功-失名-失利"。

6.1.2 垃圾邻避危机转化路径依赖

(1)路径依赖理论

路径依赖最早起源于生物学界，描述初始状态对未来事件的影响。Brian Arthur W 和 Pul A David 等学者将其应用于解释技术变迁中的问题，随后 North 将其拓展到制度变迁的研究中。路径依赖的研究视角虽不同，但也达成一些共识观点：路径依赖是一种"锁定”的状态，这种锁定包括正锁定(有效率的)和负锁定(低效、无效的)，某种体制一旦被采纳，由于存在规模报酬递增和自我强化机制，就可能对这种路径产生依赖，惯性力量会使这一选择不断自我强化，而很难被别的体制(甚至是更优的体制)所替代[189]。路径依赖的正锁定和负锁定模型如图 6-3 所示。

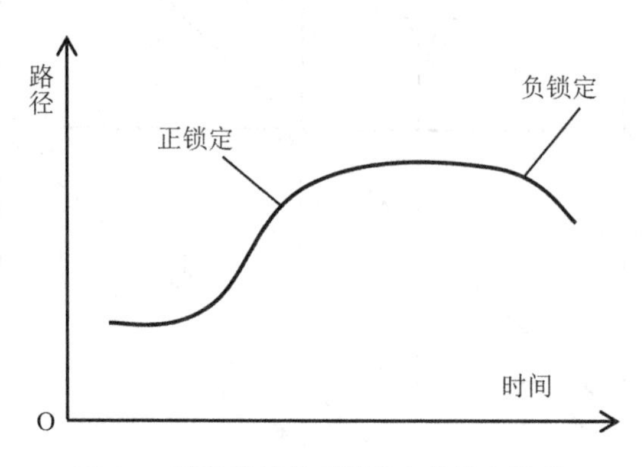

图 6-3　路径依赖的正锁定和负锁定模型

当垃圾邻避危机爆发时，政府习惯于通过自上而下的决策模式治理危机，长此以往固化成为一种动员机制，导致形成政府公共危机管理“失灵”的“路径依赖”，严重阻碍了危机管理的效率提高和质量提升，因此分析垃圾邻避危机路径依赖特征是优化其发展路径的核心。

(2)垃圾邻避危机转化路径依赖分析

在垃圾邻避设施项目选址阶段，由于受历史决策模式的影响，在面对建设垃圾邻避设施这类“棘手”的问题时，地方政府往往倾向于采用“掩人耳目”的封闭式决策。当垃圾邻避设施项目建设的消息传出后，地方政府通常会采用推诿、敷衍、辩护等“闪烁其词”的方式回应。当发生垃圾邻避抗争时，政府通过警告、驱散、拘留等维稳方式压制抗争的民众。冲突升级后，迫于舆论压力，政府无奈通过叫停项目的“趋利避害”方式来规避其在政治上面临的风险[190]。此类“叫停式”决策的常态化使民众认识到，要使自身的诉求得到满足，需要通过组织大规模的群体性抗议。因此，在很多

情境下，抗争群体与地方管理者之间的行动逻辑，往往交织着“闹大”的抗争策略与“摆平”的维稳思维，这种抗争方式在通过历史经验的“学习”和“流传”，在自我强化机制下，形成了民众抗争行为的“惯性”。垃圾邻避危机路径依赖如图 6-4 所示。

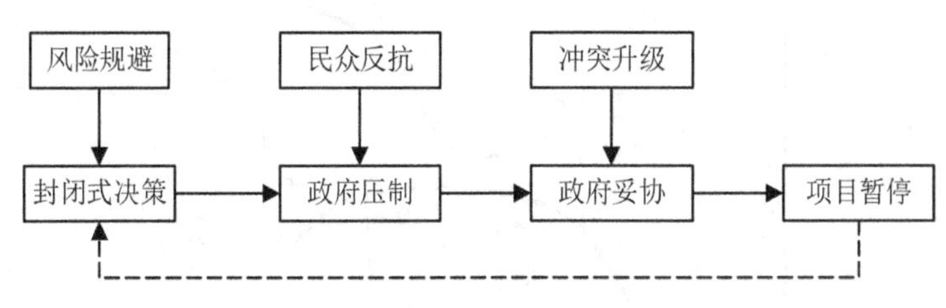

图 6-4　垃圾邻避危机路径依赖

由图 6-4 可知，地方政府面对建设垃圾邻避项目时，由于民众抗争的自我强化机制以及政府决策转换的高昂沉没成本，垃圾邻避危机项目很难跳出“决定—宣布—辩护”的行政逻辑，无法摆脱“摆平—妥协”的路径依赖[191]。

垃圾邻避危机转化路径负锁定——区域Ⅷ。地方政府在垃圾邻避冲突治理过程中表现为典型的强制态度，具体表现为封闭式的决策模式、格式化的被动反应以及强硬的危机治理方式，垃圾邻避危机转化路径持续向悲观的方向发展。

垃圾邻避危机转化路径正锁定——区域Ⅱ，Ⅲ，Ⅳ，Ⅴ，Ⅵ，Ⅶ。政府管理部门未能把握其深层次演化规律，只能根据事件发展的状态随机反应，试图扭转垃圾邻避危机转化管理所面临的“治标不治本”的局面，垃圾邻避危机转化路径努力向乐观方向发展。

6.1.3　垃圾邻避危机转化路径突破

(1)路径突破理论

Joseph Alois Schumpeter 针对路径依赖问题提出了“创造性破坏”的思路[192]。Garud 和 Karnoe 认为历史对未来具有重要影响，但不是决定性的，当路径依赖进入到锁定状态时，可通过依靠外部环境契机以及发挥行为主体主观能动性，把握进行“解锁”活动的“新机会窗口”，最终实现有意识地偏离原有路径[193]。路径创造的两种主要路径如图 6-5 所示。

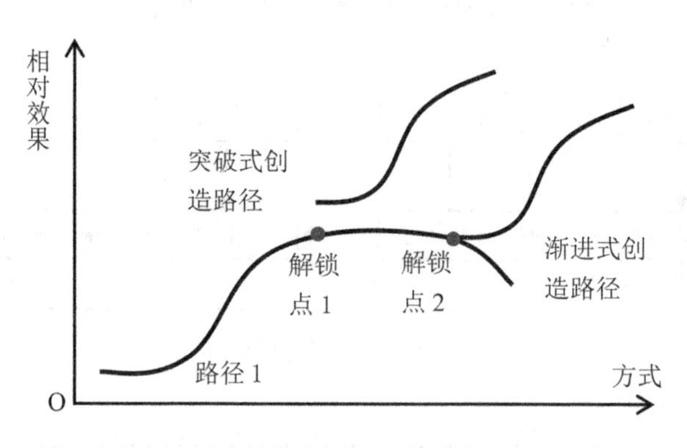

图 6-5 路径创造的模型(突破式创造和渐进式创造)

图 6-5 中存在两条路径创造点：解锁点 1 突破式创造路径和解锁点 2 渐进式创造路径。在垃圾邻避运动参与主体复杂、非体制化表达渠道畅通、抗争方式多种、目标诉求多样的现实形势下，垃圾邻避危机治理的难度不断增大、成本不断增加，基于历史经验、思维惯性和决策模式的垃圾邻避危机治理路径虽然能暂时平息事态的发展，但是无法从根本上化解垃圾邻避危机。需要决策主体根据转型期中国社会治理情境的复杂性，进行主观意识偏离，通过制度创新破除旧路径的弊端，打破传统管理体制机制的路径依赖。

(2) 垃圾邻避危机路径突破分析

实现垃圾邻避危机转化路径突破包括三个要素：路径依赖特征、预期突破目标及路径创造的举措。当前路径依赖特征即当前垃圾邻避危机“功”“名”“利”的组合模式及其导致的危急状态。预期的目标即决策主体期望的垃圾邻避危机事件平息达到的满意状态。实现路径创造的举措即解决方案的探寻，良性互动关系的塑造以及相应制度的变革。从当前的形势到预期目标的转化路径包含了各种动态的创新举措，需要对垃圾邻避危机路径依赖特征做出判断，据此选择“适配性”的突破策略。垃圾邻避危机转化路径突破如图 6-6

所示。

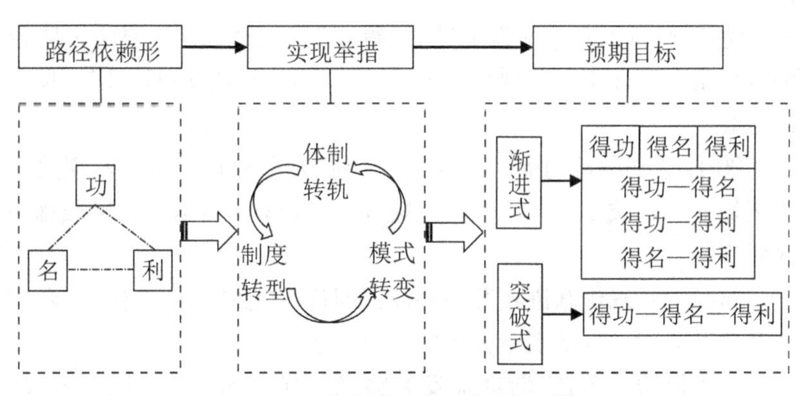

图 6-6 垃圾邻避危机转化路径突破

在图 6-6 中，体制转轨主要是从体制维度缓解垃圾邻避危机，垃圾邻避设施规划体制、政府决策体制和政府危机治理体制等是导致垃圾邻避危机不断涌现的深层次背景，通过政策体制学习、系统施策等方式突破垃圾邻避危机的困境。

制度转型主要是从制度维度化解垃圾邻避危机，垃圾邻避危机转化路径突破意味着发现并完善导致垃圾邻避危机的制度缺陷，通过建立更加完善的机制，充分发挥制度优势改善地方政府治理的能力，形成突破垃圾邻避危机的全社会合力，这是治理垃圾邻避危机的较优路径。

模式转变主要是从方式维度转化垃圾邻避危机，垃圾邻避危机转化路径依赖的突破需要回归多元化的垃圾邻避情境，转变垃圾邻避危机的治理思路，根据垃圾邻避危机的具体情境，分析、挖掘、识别不同危机的特征，并据此提供具有适应性的动态策略与可持续的解决方案，实现整体的利益平衡。三种举措实现的路径创造包括以下三条路径。

路径一：单优渐进式发展路径，即只优化“功”“名”“利”三者中的某一方面，其实现路径主要分为三条。

① 以项目顺利建成为主导的“得功”发展路径，主要实现路径

为区域Ⅴ→区域Ⅰ，区域Ⅶ→区域Ⅲ，区域Ⅵ→区域Ⅱ，区域Ⅷ→区域Ⅳ。

② 以获得民众信任为主导的“得名”发展路径，主要实现路径为区域Ⅲ→区域Ⅰ，区域Ⅶ→区域Ⅴ，区域Ⅷ→区域Ⅵ，区域Ⅳ→区域Ⅱ。

③ 以达到利益均衡为主导的“得利”发展路径，主要实现路径为区域Ⅱ→区域Ⅰ，区域Ⅳ→区域Ⅲ，区域Ⅵ→区域Ⅴ，区域Ⅷ→区域Ⅶ。

路径二：双优渐进式发展路径，即优化“功”“名”“利”三者中的某两个方面，其实现路径主要分为三条。

① “得功—得名”渐进式发展路径，其目标是项目顺利建成，且能获得民众信任。主要实现路径为区域Ⅶ→区域Ⅰ，区域Ⅶ，Ⅷ→区域Ⅱ。

② “得功—得利”渐进式发展路径，其目标是项目顺利建成，且能达到利益均衡。主要实现路径为区域Ⅵ→区域Ⅰ，区域Ⅵ，Ⅷ→区域Ⅲ。

③ “得名—得利”渐进式发展路径，其目标是能获得民众信任且能达到利益均衡。主要实现路径为区域Ⅳ→区域Ⅰ，区域Ⅳ，Ⅷ→区域Ⅴ。

路径三：三优突破式发展路径，即同时优化“功”“名”“利”三者，“得功—得名—得利”的目标是能同时实现项目顺利建成，获得民众信任和达到利益均衡。其实现路径为区域Ⅲ→区域Ⅰ。

6.2　垃圾邻避危机转化的路径分析

6.2.1　危机转化路径整体性分析

通过对垃圾邻避危机转化路径的挖掘可知，垃圾邻避危机蕴含了多主体、多因素、多层次的复杂因素，垃圾邻避危机转化路径是

一种非平衡的、非线性的复杂系统，其实质是突破传统垃圾邻避危机形成的路径依赖，实现对垃圾邻避危机进行全要素、全过程组合优化的整体性过程，其微观机制源于不同路径组合在时空上产生的层层递进的综合效果。

垃圾邻避危机转化路径存在着不同的突破模式。一方面，相同的影响因素在不同转化路径中角色影响力不尽相同，另一方面不同影响因素的综合作用也可能产生相同的危机转化路径效果。垃圾邻避危机转化路径的整体性表现在处于不同子系统、不同结构的要素之间的互动关系，研究视角应该由碎片化的分析模式转向系统性地把握要素之间相互作用、相互影响的耦合关系及动态关联，在此基础上挖掘垃圾邻避危机转化路径的运行规律。

传统的定量研究方法无法解释各要素间复杂的耦合关系，也不能有效展示各要素之间跨结构和功能的综合结果。故而，需要以整体性的思维模式将各要素置于复杂多变的空间，打破子系统及要素之间的结构边界和功能鸿沟。可运用组态视角，将垃圾邻避危机情景演化涌现的相关要素纳入一个整体性的研究框架，以组态分析思维探索要素集合的逻辑关系，把垃圾邻避危机转化路径视作结果变量，深入挖掘不同危机转化要素的组合形式，从而将整体论与集合分析思想纳入垃圾邻避危机转化路径研究范畴中来。通过关注不同要素组合关系的复杂性和多样性，以期明晰垃圾邻避危机转化方向，探索富有启发性的垃圾邻避危机转化路径。

6.2.2 路径分析方法

20世纪80年代，在系统科学研究由还原论转向整体论视角的背景下，Ragin率先发展了定性比较分析方法[194]（Qualitative Comparative Analysis，QCA），QCA方法基于整体论的思想，将案例看作由条件变量组成的整体，称为“组态”，通过案例间的比较，挖掘条件组态与结果间的复杂因果关系[195]。近年来在国内外顶级期刊Academy of Management Review（AMR）、Academy of Management Journal（AMJ）、Strategic Management Journal（SMJ）、《管理世界》《中国工业经济》等期刊上发表的文章快速增加[196][197]。

QCA 将变量分为条件变量和结果变量并基于布尔逻辑对变量进行赋值，某条件出现的取值为 1，不出现的取值为 0，“+”表示变量之间“或”的关系，“ * ”表示变量之间“和”的关系。fsQCA 可以分析定距、定比等部分隶属及程度变化的问题。本书选择 fsQCA 主要基于如下原因：

①fsQCA 可以有效解决“多重复杂并发因果”诱致的复杂问题，发现影响某种结果的关键条件组合，并建立相关的解释模型。②垃圾邻避危机转化的因素众多，fsQCA 可以深入探究变量之间的因果非对称关系，解释多样化路径形成的机制。③本书的案例样本为 26 起典型垃圾邻避危机事件，数据主要来自文献等二手资料，fsQCA 适合进行 10~50 中等案例数的多案例定量研究。

fsQCA 研究主要是识别不同变量的组态与结果之间的必要关系和充分关系[198]。一般而言，首先对单个变量进行必要性分析，然后对变量组态进行充分性分析。单个变量的必要性分析是通过一致性指标(Consistency)来判断的，如公式(6-1)[36]所示。

$$\text{Consistency}(m'_i \leqslant n'_i) = \sum [\min(m'_i,\ n'_i)] / \sum m'_i \quad (6\text{-}1)$$

如果一致性指标的值大于 0.9，则可判断 m' 是 n' 的必要条件。m' 的模糊集分值小于等于 n' 的模糊集分值，且一致性指标大于 0.8，则可判断 m' 是 n' 的充分条件。

覆盖率指标(Coverage)是表征 m' 对于结果 n' 的解释力度，覆盖率如公式(6-2)所示。

$$\text{Coverage}(m'_i \leqslant n'_i) = \sum [\min(m'_i,\ n'_i)] / \sum n'_i \quad (6\text{-}2)$$

覆盖率的大小与解释程度呈正相关关系，即覆盖率越小，则说明 m' 在经验上对 n' 的解释程度越低。

6.2.3　确定变量及赋值

对于中等样本的研究，理想的条件变量个数一般在 4~7，要注意案例个数与条件变量个数维持在一定的比例，条件变量个数的增

多将导致组态个数呈指数倍增加，容易造成组态个数超过案例个数，从而导致将简单问题复杂化的问题。延续前文的案例背景，垃圾邻避危机案例数为26，由4.2节编码结果分析，外部环境、垃圾邻避设施选址和邻避抗争为外生影响因素。基于此，本章重点分析风险认知(RP)、政府行为与态度(GBA)、利益博弈(IG)、企业生产经营(EPO)、公众需求(PD)、公众信任(PT)、政府响应策略(GRS)等7个因素对垃圾邻避危机转化这一结果变量的“联合效应”，以及7个因素之间的互动关系，借此揭示垃圾邻避危机转化路径的推动因素和支撑力量。

因循大部分研究的方法，本书采用“均值锚点法”将数据转换为模糊集隶属分数。“1”表示完全隶属，“0”表示完全不隶属，“0~1”之间数值越高，表示案例在此变量的隶属度越高。通过在各政府官方网站、媒体公开报道和研究论文等渠道获得的数据资料，对典型案例进行分析，根据变量在各案例中的客观描述进行赋值，最终各变量的具体赋值见表6-1。

表6-1　变量赋值标准

变量类别	细分变量	变量标签	赋值依据
结果变量	垃圾邻避危机转化	WCT	高(1)、较高(0.75)、一般(0.5)、较低(0.25)、低(0)
条件变量	企业生产经营	EPO	规范(1)、不规范(0)
	政府行为与态度	GBA	积极(1)、中立(0.5)、消极(0)
	利益博弈	IG	高(1)、中(0.5)、低(0)
	风险认知	RP	高(1)、中(0.5)、低(0)
	公众需求	PD	高(1)、中(0.5)、低(0)
	公众信任	PT	高(1)、中(0.5)、低(0)
	政府响应策略	GRS	积极(1)、中立(0.5)、消极(0)

通过前文案例初始编码过程对26个典型垃圾邻避危机案例逐

一进行详细分析，结合表 6-1 变量赋值标准，对选定的 7 个条件变量(EPO、GBA、IG、RP、PD、PT 和 GRS)，以及 1 个结果变量(WCT)进行赋值，结果如表 6-2 所示。

表 6-2　模糊定性分析变量及赋值

id	EPO	GBA	IG	RP	PD	PT	GRS	WCT
1	0	0. 5	1	1	0	0	0	0. 5
2	1	1	1	0. 5	0. 5	0	0. 5	0. 5
3	1	1	1	1	1	0	1	0. 75
4	1	1	1	0. 5	1	1	0	0. 75
5	0	1	1	0. 5	0	1	0	0. 5
6	0	1	1	1	0	1	1	0. 75
7	1	1	1	1	1	0	1	0. 5
8	0	1	0. 5	0. 5	0	0	0	0. 5
9	0	1	0. 5	0. 5	0	0	1	0. 5
10	1	1	1	0. 5	1	0. 5	0	0. 75
11	1	1	1	0. 5	1	0. 5	0	1
12	0	0. 5	1	1	0	0. 5	0. 5	0. 5
13	0	1	1	0	0	0. 5	0	0. 5
14	1	1	1	1	1	0. 5	0. 5	0. 5
15	1	1	1	0. 5	1	0	0	0. 5
16	0	1	0. 5	0	0	0	0	0. 5
17	0	1	0. 5	0	0	0	0. 5	0. 5
18	1	1	1	1	1	1	1	1
19	0	1	0	0. 5	0	0	0	0. 25
20	0	1	1	1	0. 5	0	0	0. 5
21	0	1	1	1	0	0	1	0. 5
22	0	0. 5	1	1	0	0	0	0. 5

续表

id	EPO	GBA	IG	RP	PD	PT	GRS	WCT
23	0	0.5	1	0.5	0	0.5	0.5	0.5
24	0	0	1	1	0	0	0	0.25
25	0	0	1	1	0	0	0	0.25
26	0	1	1	1	0	0	0	0.5

6.3 垃圾邻避危机转化的路径选择

6.3.1 路径结果

(1)单个条件的必要性分析

单个条件的必要性是探索前因集合是否会导致结果发生，在组态中占据重要的位置。表6-3为fsQCA3.0软件必要条件检验结果。

表6-3 单个条件的必要性分析

Name	Consistency	Coverage
EPO	0.439	0.694
epo	0.561	0.471
GBA	**0.965**	0.625
gba	0.175	0.625
IG	**0.982**	0.609
ig	0.158	0.750

续表

Name	Consistency	Coverage
RP	0.825	0.653
rp	0.439	0.781
PD	0.474	0.750
pd	0.596	0.500
PT	0.421	0.857
pt	0.737	0.553
GRS	0.456	0.765
grs	0.719	0.586

注：①大写表示条件存在，小写表示条件缺席；②加黑表示一致性大于0.9，达到了使变量成为必要条件的阈值。

由表6-3可知，风险认知(RP)、企业生产经营(EPO)、公众需求(PD)、公众信任(PT)和政府响应策略(GRS)五个条件变量的一致性水平均小于0.9，故而，这五个条件变量中不存在垃圾邻避危机转化的必要条件。政府行为与态度(GBA)的一致性水平为0.965，利益博弈(IG)的一致性水平为0.982，这两个变量一致性水平均大于0.9，即当垃圾邻避危机转化实现时，政府行为与态度以及利益博弈两个要素必然存在。

(2)条件组态的充分性分析

选定的EPO、GBA、IG、RP、PD、PT和GRS等7个变量组成条件组态，考察组态对结果变量(WCT)的影响。已有研究根据具体的研究情境采用了不同的一致性阈值，如0.75[199]、0.8[200]等。对于中小样本而言，案例频数阈值一般设为1[201]。本书运用fsQCA3.0对条件变量和结果变量的真值表进行数据处理，将案例频数阈值设为1，在标准分析中，将一致性高于0.8的编码为“1”，

反之则编码为“0”。标准化后的真值表如表6-4所示。

表6-4 模糊定性分析标准化真值表

EPO	GBA	IG	RP	PD	PT	GRS	number	WCT	raw consist.	PRI consist.
1	1	1	1	1	1	1	1	1	1.000	1.000
0	1	1	1	0	0	0	1	1	0.875	0.000
0	1	1	1	0	1	1	1	1	0.875	0.667
0	1	1	1	0	0	1	1	1	0.800	0.000
1	1	1	1	1	0	1	2	0	0.750	0.400
0	0	1	1	0	0	0	2	0	0.625	0.000

由于现有研究关于7个条件变量与垃圾邻避危机转化之间的关系尚未达成一致结论或缺乏明确的理论预期，因此，本书在产生解的过程中，选择了“存在或缺席”。通常情况下，fsQCA3.0软件会输出复杂解、简约解和中间解等三种解。本书在此汇报中间解并辅之以简约解，核心条件用大圆表示，其中，核心条件存在用实心大圆“●”代表，核心条件缺乏用含叉大圆“⊗”代表。辅助条件用小圆区分，具体而言，辅助条件存在用实心小圆“•”表示，辅助条件缺乏用含叉小圆“⊗”表示，条件“存在”或“缺席”用“/”表示。组态分析结果如表6-5所示。

表6-5 危机转化路径组态分析

条件变量	条件组态		
	R_1	R_2	R_3
EPO	⊗	⊗	●
GBA	●	●	•
IG	•	•	•
RP	•	•	•
PD	⊗	⊗	•

续表

条件变量	条件组态		
	R_1	R_2	R_3
PT	⊗	/	●
GRS	/	•	•
一致性	0.818	0.786	1
原始覆盖度	0.316	0.193	0.105
唯一覆盖度	0.175	0.053	0.105
总体解的一致性	0.844		
总体解的覆盖度	0.474		

(3)稳健性检验

本书使用调整一致性水平(一致性水平从 0.8 降低至 0.75)进行稳健性检验，根据不同组态的集合结果以及参数差异评判稳定性[202]，检验结果表明，降低一致性水平后，研究结论依然稳健。

6.3.2　路径解释

路径一：~EPO * GBA * IG * RP * ~PD * ~PT，此路径的一致性为 0.818，在企业生产经营和公众信任不改善，以及公众需求不改变的情况下，积极转变政府行为与态度，降低利益博弈和风险认知，促进垃圾邻避危机路径转化，因此路径为“失功—得名—失利”渐进式发展路径。此路径的关键在于政府及时转变行政管制决策模式导致的决策失衡，积极回应公众利益诉求，提升垃圾邻避设施决策的公开透明性与决策科学性，平衡多元主体的利益，确保垃圾邻避设施利益相关者能够公平地享受权利与承担责任。

路径二：~EPO * GBA * IG * RP * ~PD * GRS，此路径的一致性为 0.786。较路径一而言，本路径重点通过提升政府响应策略实现垃圾邻避危机路径转化。政府有效整合各项资源，吸纳社会的意见，增加民众的接受度，促进项目的顺利实施。其中有效的途径是发挥专家的桥梁作用，确立专家学者的主导性地位，保证决策过程的科学性与公信力，通过专家对垃圾邻避风险的科普可帮助公众树立理性的风险认知[203]，因此路径为“得功—得名—失利”渐进式发展路径。实现此路径的关键在于借鉴“邻避问题”防范与化解专家组的具体操作方式，成立属于地方的专家组，专门针对地方发生的垃圾邻避危机提供防范和化解专业技术支持以及参与垃圾邻避危机引发的群体性事件的应急处理工作。

路径三：EPO * GBA * IG * RP * PD * PT * GRS，此路径的一致性为 1。较前两条路径而言，本路径加入企业这一重要利益相关者，企业需要正视垃圾邻避设施的“邻避性”，坦率承认垃圾邻避设施存在的客观风险，主动让渡部分利润空间[204]，综合来看此路径为“得功—得名—得利”突破式发展路径。实现此路径的关键在于在设计、建造和运营垃圾邻避设施过程中降低技术风险的不确定性，提高垃圾邻避决策的民主参与性，加强与民众的沟通互动，向民众公布污染物排放相关数据，让民众感受企业的环境自律，拉近企业与民众之间的距离，增强公众信任感。

本章小结

本章通过挖掘垃圾邻避危机转化路径的内在逻辑，构建垃圾邻避危机转化路径“功—名—利”空间模型，从分析垃圾邻避危机转化路径的现实困境出发，探寻实现垃圾邻避危机转化的路径突破模式。为了进一步揭示垃圾邻避危机转化路径的推动因素和支撑力量，重点分析风险认知(RP)、政府行为与态度(GBA)、利益博弈(IG)、企业生产经营(EPO)、公众需求(PD)、公众信任(PT)、政府响应策略(GRS)等 7 个因素对垃圾邻避危机转化这一结果变量的“联合效应”，以及 7 个因素之间的互动关系。最后运用 fsQCA3.0 对真值表进行数据研究，结果表明政府行为与态度以及利益博弈是垃圾邻避危机转化的必要条件，从组态视角整体性地解释了 ~EPO * GBA * IG * RP * ~PD * ~PT 之“失功—得名—失利”

渐进式发展路径、~EPO * GBA * IG * RP * ~PD * GRS 之“得功—得名—失利”渐进式发展路径、EPO * GBA * IG * RP * PD * PT * GRS“得功—得名—得利”突破式发展路径。三条垃圾邻避危机转化路径弥补了传统案例研究对垃圾邻避危机转化解释的不足的问题，为破解垃圾邻避危机转化之“迷局”奠定了研究基础。

第7章 基于复杂系统仿真的垃圾邻避危机转化度模型

转化是改变解决问题的具体思维和方法，以期更好地实现预期目标的策略。垃圾邻避危机转化的首要任务是确定当前状态与预期目标之间的距离，并通过定量模型度量实现危机转化的程度，即危机转化度，为评价危机转化效果提供决策依据。

7.1 垃圾邻避危机转化指标体系的建立

7.1.1 指标体系构建的原则

构建科学合理的指标体系是评价垃圾邻避危机转化效果的首要重任，关系到评价效果的准确性、有效性和可信性。构建垃圾邻避危机转化评价指标体系应该遵循科学性、系统性和稳定性原则。

(1)科学性原则

指标体系由多层次结构组成，其结构应该科学合理，统筹兼顾，能够准确全面地反映垃圾邻避危机转化包含的各个方面。指标的选取是通过多标准、多来源、多尺度筛选出的定性或定量指标，能够充分从各方面、多层次反映垃圾邻避危机转化的实际状态，且指标数据都可以通过科学的资料来源直接得到或者间接计算得出，以便用科学的方法和手段进行评价。

(2)系统性原则

将垃圾邻避危机转化评价当作一个层次分明、结构完善的系统，系统是由多个相互影响、相互作用的子系统组成的有机整体，根据系统的功能和结构确定子系统的概念和数量(即一级指标)，然后根据各子系统内部要素的逻辑关系，自上而下地确定各子系统内部的底层指标，保证底层指标全面性的同时也考虑其独立性。

(3)稳定性原则

指标体系的稳定性体现在形式、内容和方法应该保持相对不变。指标体系包含多个层次分明的指标层次，一般划分为选择一级指标和二级指标；指标数据的来源及统计口径在一定的时期内保持相对稳定，指标评分标准、数据标准化及赋权等方法有可靠的计算原理，以便准确把握垃圾邻避危机转化的现状。

7.1.2　评价指标的确定

"转化"是转变思维，将复杂问题分解为若干个简单、可行问题的一种策略。为设计垃圾邻避危机转化治理模式提供了新的思路。关于冲突转化效果，Vayrynen R 构建了"行动者、事项、规则和结构"的四维评价标准[205]。转化冲突组织在 Vayrynen R 四维评价标准的基础上增加了"情境"这一标准，从而确定了冲突转化的五项准则[206]。Miall H 从"情境、结构、行动者、争议事项和决策精英"五个方面评价冲突转化。国内学者谭爽则构建了基于"行动者转化、方式转化、事项转化、结构转化、情境转化"的冲突转化评价框架[207]。本书将上述理论置于垃圾邻避危机的实践背景，提出包含"行动者转化、事项转化和情境转化"的三要素整合式评价框架。

"行动者转化"。参与垃圾邻避抗争的民众对垃圾邻避设施本身的风险认知趋于客观，垃圾邻避情绪有所消除，经过多方有效沟通，改变先前激烈的非理性抗争方式，冷静地进行协商，从垃圾邻

避设施建设的反对者变为接受者。政府改变“决定—宣布—辩护”的传统封闭式决策模式，积极回应民众的质疑和利益诉求，主动公开信息，引入民众参与进行充分的意见交换与沟通协商，赢得民众信任，政府从控制者转化为服务者。企业增强风险防范意识，严格遵守操作程序，由违规者转化为遵守者。结合前文扎根理论编码结果，可归纳出风险感知、邻避抗争、政府行为与态度、政府响应态度、企业生产经营等五个具体指标量化危机转化效果。

“事项转化”。以多元化的利益补偿方式满足民众需求，专家保持自身立场的独立性，公正客观地对垃圾邻避设施进行知识普及，媒体的新闻报道要有真实性、可靠性和客观性。通过有效发挥专家和媒体的舆论引导作用，避免不实言论恶意传播，消除利益冲突，取得民众信任，变“邻避效应”为“迎避效应”。结合前文扎根理论编码结果，可归纳出利益博弈、公众信任、公众需求等三个具体指标量化危机转化效果。

“情境转化”。以“邻利”设施建设打造“共享空间”，通过建设相配套的“邻利”设施，或出台“邻利”型的区域发展政策，优化垃圾邻避设施的焚烧技术环境和社会经济环境，努力保证将垃圾邻避设施成功建成的单一目标，转化为经济发展、社会稳定、生态平衡的全面协调可持续发展多目标。结合前文扎根理论编码结果，可概括出外部环境、邻避设施选址等两个指标量化危机转化效果。综上，本书构建的垃圾邻避危机转化指标体系如表 7-1 所示。

表 7-1　垃圾邻避危机转化指标体系

子系统(转化层面)	具体指标	指标正逆
行动者转化	风险认知	正
	邻避抗争	逆
	政府行为与态度	正
	政府响应策略	正
	企业生产经营	正

续表

子系统(转化层面)	具体指标	指标正逆
事项转化	利益博弈	逆
	公众信任	正
	公众需求	正
情境转化	外部环境	正
	邻避设施选址	正

7.1.3　样本选择及数据标准化

(1)样本选择

对垃圾邻避危机转化成果相关的研究较多的集中于理论研究和单案例研究，而基于多案例的系统性经验研究和比较分析则较为缺少，且对垃圾邻避危机转化综合水平的一般规律的探讨和总结尚不充分。

由前文我国垃圾邻避危机典型案例库的相关论述可知，本书选取的26个案例的典型性在于样本既包括华东地区的上海市、浙江省、安徽省、江苏省以及江西省，也包括华南地区的广东省和海南省，华北地区北京市、天津市和河北省，还包括华中的湖北省、湖南省和河南省。样本案例选取的地域广泛、可支撑材料众多，可确保评价结论可信度高、适用性强。

(2)指标数据标准化

垃圾邻避危机转化的底层指标根据其具体含义有正逆之分，因此需要对正逆指标分别进行消除量纲、量级差异的计算，将所有数据转化为区间[0，1]的评分值。

逆指标数据标准化公式如式(7-1)

$$x'_{ij}=\frac{\max(x_j)-x_{ij}}{\max(x_j)-\min(x_j)} \tag{7-1}$$

正指标数据标准化公式如式(7-2)所示：

$$x'_{ij}=\frac{x_{ij}-\min(x_j)}{\max(x_j)-\min(x_j)} \tag{7-2}$$

式中，x_{ij}指第 i 个典型案例中第 j 个指标的数据，$\max(x_j)$、$\min(x_j)$分别是第 j 个底层指标的最大值和最小值。本章典型案例的数量为26，具体转化指标为10，因此，$i=1, 2, \cdots, 26$；$j=1, 2, \cdots, 10$。

7.1.4 指标综合权重

由于权重的确定对垃圾邻避危机转化评价结果的科学合理性具有重要的影响。代表性的主观赋权法有层次分析法、德尔菲法、模糊综合评价法、序关系分析法(简称G1法)等，主观赋权主要受专家知识、经验及个人偏好的影响。常见的客观赋权法有熵权法、主成分分析法、变异系数法等，权重的计算结果受数值大小的影响，不受主观能动性的影响。因此，为了同时兼顾客观结果的稳定性及实际情况的动态性，本章采用主客观综合赋权的方法。

(1)主观赋权

G1法是对AHP法的改进，是一种简化主观赋权复杂性的赋权方法。相比较于AHP法，G1法不仅能充分体现出专家的经验和知识特点，而且还具有计算量少、无须一致性检验等优点。一般而言，当指标数量较多时，各项指标往往具有较高的复杂性和不确定性，这将直接增加专家评价时的犹豫度从而导致评分不准确，G1法则可以克服这些问题，有效提高专家评价的准确性，为评价结果提供充分合理的科学依据[208]。G1法主观赋权的步骤如下。

①确定所有底层指标的序关系

假设将所有指标构成一个指标集 $\Phi=\{\mu_1, \mu_2, \cdots, \mu_n\}$，首先确定最重要的指标$\mu'_1$，然后，在余下的 $n-1$ 个指标中确定第二重要的指标μ'_2，以此类推，直到得到最不重要指标μ'_n，则按重要性得到的序关系可表示为：

$$\mu'_1 > \mu'_2 > \cdots > \mu'_i > \cdots \mu'_j > \cdots > \mu'_n (i,\ j \in \{1,\ 2,\ \cdots,\ n\}) \tag{7-3}$$

② 判断相邻指标 μ'_{i-1} 与 μ'_i 权重的相对重要性程度

设 η_i 为相邻指标权重的相对重要程度之比，其计算公式为：

$$\eta_i = \frac{\varphi_{i-1}}{\varphi_i}(i = 2,\ 3,\ \cdots,\ n-1,\ n) \tag{7-4}$$

式中，φ_{i-1}，φ_i 分别表示相邻评价指标的 μ'_{i-1} 与 μ'_i 的权重系数。

③ 计算相邻指标的权重系数

首先对 η_i 进行求积运算：

$$\prod_{m=i}^{n} \eta_m = \frac{\varphi_{i-1}}{\varphi_n} \tag{7-5}$$

然后对 $\prod_{m=i}^{n} \eta_m$ 进行求和运算：

$$\sum_{i=2}^{n} \left(\prod_{m=i}^{n} \eta_m \right) = \sum_{i=2}^{n} \frac{\varphi_{i-1}}{\varphi_n} = \frac{1}{\varphi_n} \left(\sum_{i=1}^{n} \varphi_i - \varphi_n \right) \tag{7-6}$$

由于 $\sum_{i=1}^{n} \varphi_i = 1$，所以 $\sum_{i=2}^{n} \left(\prod_{m=i}^{n} \eta_m \right) = \frac{1-\varphi_n}{\varphi_n} = \frac{1}{\varphi_n} - 1$

④ 计算第 n 个指标的权重值：

$$\varphi_n = \frac{1}{\left[1 + \sum_{i=2}^{n} \left(\prod_{m=i}^{n} \eta_m \right)\right]} \tag{7-7}$$

⑤ 根据 φ_n 的权重值来递推出其余指标的权重值：

$$\varphi_{i-1} = \varphi_i \cdot \eta_i,\quad i = 2,\ 3,\ \cdots,\ n \tag{7-8}$$

(2) 客观赋权

熵值法是根据各评价指标值包含信息量的大小来确定权重系数，底层指标及其权重的计算步骤如下。

① 底层指标的比重：

$$y_{ij} = x'_{ij} \Big/ \sum_{i=1}^{n} x'_{ij} \tag{7-9}$$

则底层指标的信息熵为：

$$e_j = -\frac{1}{\ln n}\sum_{i=1}^{n} y_{ij} \times \ln y_{ij} \quad (0 \leqslant e_i \leqslant 1) \tag{7-10}$$

② 底层指标的冗余熵为：

$$d_j = 1 - e_i \tag{7-11}$$

则底层指标的权重为：

$$w_j = d_j \Big/ \sum_{j=1}^{m} d_j \tag{7-12}$$

(3) 综合赋权

考虑到主观权重不能直接反映数值包含的信息，比如由不同的决策者通过主观赋权法确定 3 个属性的权重，可能会出现(0.7，0.2，0.1) 和(0.8，0.1，0.1) 的情况。而客观权重无法体现决策者的主观知识及经验，因此单独地使用主观赋权或客观赋权都不能完全有效表达指标的权重，为了权重的稳健性，需要进行主客观综合赋权。第 j 个底层指标的综合权重 W_j 的确定参照典型文献的计算方法[209]，其计算公式为：

$$W_j = \frac{\varphi_j * w_j}{\sum_{j=1}^{n} \varphi_j * w_j} \tag{7-13}$$

其中 φ_j，w_j 分别为第 j 个底层指标的主观权重和客观权重。

子系统得分可由子系统内底层指标标准化后的数据 x'_{ij} 和组合权重 W_j 加权相加得到。设行动者转化、事项转化和情境转化三个子系统的评分函数分别记为 S_1^*、S_2^*、S_3^*，计算公式如下：

$$S_1^* = \sum_{j=1}^{5} x'_{ij} * W_j \tag{7-14}$$

$$S_2^* = \sum_{j=6}^{8} x'_{ij} * W_j \tag{7-15}$$

$$S_3^* = \sum_{j=9}^{10} x'_{ij} * W_j \tag{7-16}$$

7.2　垃圾邻避危机转化度评价模型

7.2.1　基于改进的向量空间模型

(1) 向量空间模型

向量空间模型是将文本相似性转换为向量相似性问题的文本检索模型，其思想将每个文档中的词、短语等文本数据切分为若干个特征向量，并将待检索文档转换成类似的向量，最后通过计算两个向量之间的余弦值来表征相似性。

设 V_s 是系统域 F 上的一个有限维线性空间，V_1，V_1，$\cdots V_k$ 是 n 维欧式空间上的向量，则该系统可表示为：

$$V_{s2}\begin{cases} V_1 = (\nu_{11}, \nu_{12}, \cdots \nu_{1n})^T \\ V_2 = (\nu_{21}, \nu_{22}, \cdots \nu_{in})^T \\ \cdots \\ V_k = (\nu_{k1}, \nu_{k2}, \cdots \nu_{kn})^T \end{cases} \tag{7-17}$$

其中，$\nu_{ij}(i=1, 2, \cdots k、j=1, 2, \cdots n)$ 为第 i 个向量的第 j 个坐标值。

$d = \| V_i - V_{i+m} \| = \sqrt{(v_{i1} - v_{i+m,1})^2 + \cdots + (v_{i,n} - v_{i+m,n})^2)}$ 称为向量 V_i，V_{i+m} 的夹角，其中 (V_i, V_{i+m}) 为向量 V_i，V_{i+m} 的累积。

(2)基于改进向量空间的垃圾邻避危机转化模型

向量空间包括向量距离和向量夹角两个度量指标，但是经典的向量空间模型只考虑了空间向量之间的夹角而忽略了向量之间的空间距离差异，导致评价结果的科学性和普适性降低。基于此，本书在向量夹角的基础上，增加了向量映射距离的表示方法来综合表征评价结果，将描述垃圾邻避危机的子系统看作向量，通过度量实际状态值与目标水平之间的差距来评估转化成效，可以有效避免指标间关联性的影响。改进后的模型既能合理地解决实际研究的问题，

又能提高评价结果的准确性和全面性，为政策制定者提供综合决策的依据。基于改进向量空间的垃圾邻避危机转化模型如图 7-1 所示。

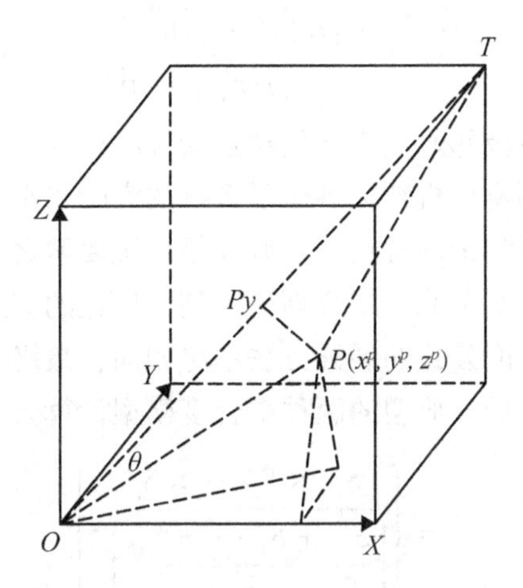

图 7-1　垃圾邻避危机转化向量空间模型

由图 7-1 可知，在垃圾邻避危机转化的三维空间中，$O(0, 0, 0)$ 点是转化度为 0 的状态，$T(1, 1, 1)$ 点是垃圾邻避危机转化的理想目标状态：$\overrightarrow{OT}$ 就是垃圾邻避危机在行动者转化、事项转化和情境转化三维目标上的最好最快的路径。$P(x^p, y^p, z^p)$ 为垃圾邻避危机某一具体案例的当前状态点，其中 x^p，y^p，z^p 分别表征行动者转化、事项转化和情境转化三维目标的发展现状值。$\overrightarrow{OP}$ 是垃圾邻避危机转化的实际状态值，$\overrightarrow{PT}$ 是实际现状与目标的距离，$\overrightarrow{OP'}$ 是 $\overrightarrow{OP}$ 在 $\overrightarrow{OT}$ 上的投影，是垃圾邻避危机转化的真实水平。设垃圾邻避危机转化实际状态 $\overrightarrow{OP}$ 偏离 $\overrightarrow{OT}$ 的角度为 θ。

7.2.2　垃圾邻避危机转化度评价指数

发展度(C_g) 是指垃圾邻避危机三维转化目标现状已经实现的

程度，是对垃圾邻避危机转化真实发展水平的度量，即$\overrightarrow{OP}$投影到最佳路径$\overrightarrow{OT}$上的$\overrightarrow{OP'}$的模长，根据余弦定理，其计算公式如式(7-18)。

$$D_g = \frac{|\overrightarrow{OP}| * (|\overrightarrow{OT}|^2 + |\overrightarrow{OP}|^2 - |\overrightarrow{PT}|^2)}{2 * |\overrightarrow{OT}| * |\overrightarrow{OP}|} \tag{7-18}$$

协调度是垃圾邻避危机转化拟合最优路径程度的度量。协调度越高说明垃圾邻避危机转化各个子系统的实际水平与理想水平越接近。基于复杂系统论的观点，协调度是系统要素之间配合得当、和谐一致的关系，基于此，耦合理论得到了广泛的应用。然而，由于不同文献对耦合度公式的展开方法不尽相同，最终导致整体耦合度水平偏高或者偏低，典型的两种耦合度模型计算公式如下。

$$C_x = \left\{\frac{S_1^* \times S_2^* \cdots \times S_u^*}{\left[\frac{S_1^* + S_2^* \cdots + S_u^*}{u}\right]^u}\right\}^{\frac{1}{u}} \tag{7-19}$$

$$C_g = \left\{\frac{S_1^* \times S_2^* \cdots \times S_v^*}{\left[\frac{S_1^* + S_2^* \cdots + S_v^*}{v}\right]^v}\right\}^2 \tag{7-20}$$

虽然从数理的角度能推导出式(7-19)、式(7-20)的取值均为[0，1]，但是只能大致描述取值区间，不能表明所有取值的具体分布情况，可利用模拟仿真法直观、准确地计算协调度模型取值分布。本书运用模拟仿真的方法，模拟大部分研究提出的2~5个子系统的仿真值，最后对式(7-19)(图7-2中的a、b、c、d)和式(7-20)(图7-3中的e、f、g、h)进行比较和择优。

图7-2、图7-3仿真图是将各子系统的模拟变量值设定在[0，1]，以0.05为步长，设置length = size(0 : 0.05 : 1, 2)；r1 = zeros(1, length^3)，循环遍历所有情况，得到运行周期内的协调度。根据仿真结果可知，耦合度C_x在(0，0.35)无取值，因此取值偏高且不能反映所有取值的分布情况。而耦合度C_g的取值均在[0，1]，随着系统维度的增加，系统复杂度有所提升，但其取值趋于稳定。因此本书选取最佳协调度模型为C_g模型。

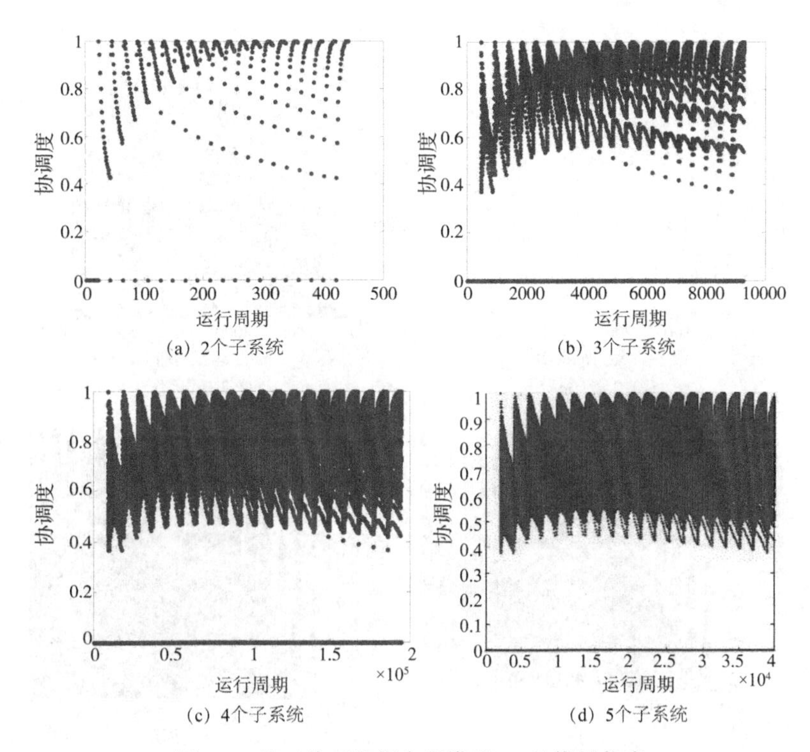

图 7-2　基于修正的耦合度模型 Cx 的模拟仿真

在对垃圾邻避危机转化效果进行评价的目标是既要弥补各子系统各要素发展的短板，同时又要注重子系统内既有要素的资源布局优化和功能协调。基于向量夹角的发展度(D_g)只能评价垃圾邻避危机转化各子系统中实际状态与理想目标之间的发展差异，基于距离函数的协调度(C_g)只能评价垃圾邻避危机转化各子系统中实际状态与理想目标之间的偏离程度。基于此，本书将垃圾邻避危机转化的总体效果综合成危机转化度(CTD)，综合考察实际现状与理想目标之间的方向和距离。由于 $|\overrightarrow{OT}|=\sqrt{3}$ ，为了使得危机转化度的取值在(0, 1)，本书取危机转化度归一化后的有效值，其计算公式为：

$$\mathrm{CTD}=\frac{C_g * D_g}{\sqrt{3}} \tag{7-21}$$

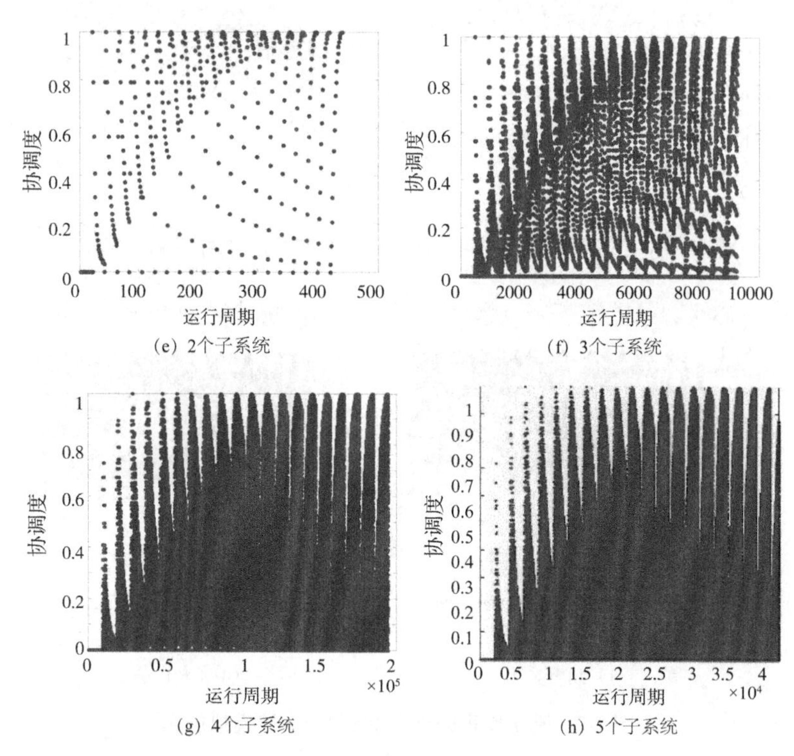

图7-3　基于改进的耦合度模型 C_g 的模拟仿真

7.3　垃圾邻避危机的治理效能评价

7.3.1　数据来源及指标计算

邀请了5位相关领域专家组成评审专家小组对垃圾邻避危机转化效果进行评价，这些专家对垃圾邻避危机转化管理等方面具有独特的见解。根据各样本在危机情景中的实际状态，在[-1, 1]打分区间上对表7-1所构建的垃圾邻避危机转化评价指标体系进行定量

评估。若垃圾邻避危机未转化，则在[-1, 0]区间进行打分，根据未转化程度取值范围(高，较高，中，较低，低)，将[-1, 0]区间划分为[-1, -0.8)、[-0.8, -0.6)、[-0.6, -0.4)、[-0.4, -0.2)、[-0.2, 0]5个区间；若垃圾邻避危机在一定程度上实现了转化，则根据实际情景在(0, 1]区间进行打分，根据转化程度取值范围(低，较低，中，较高，高)，将(0, 1]区间划分为(0, 0.2)、[0.2, 0.4)、[0.4, 0.6)、[0.6, 0.8)、[0.8, 1]5个区间[210]。根据逆指标和正指标的标准化公式对底层指标进行量化，得到初始评价结果。在此基础上，分别利用主客观赋权及综合赋权的方法计算底层指标的权重。

(1)运用G1方法对底层指标进行主观赋权

首先，确定所有指标的序关系。风险认知>公众信任>政府行为与态度>政府响应策略>邻避抗争>利益博弈>外部环境>邻避设施选址>公众需求>企业生产经营。然后，确定相邻指标的权重系数比。$\eta_2=1.50$，$\eta_3=1.40$，$\eta_4=1.30$，$\eta_5=1.20$，$\eta_6=1.10$，$\eta_7=1.20$，$\eta_8=1.30$，$\eta_9=1.40$，$\eta_{10}=1.50$。其次，计算第10个底层指标(企业生产经营)的权重。根据式(7-5)、式(7-6)、式(7-7)计算出第10个底层指标的权重为0.0228。最后，计算所有底层指标权重。所有结果见表7-2第三列。

(2)运用熵权法计算底层指标的客观权重

根据式(7-9)~式(7-12)的计算步骤，通过Matlab2014a软件编程得到所有底层指标的客观权重。所有结果见表7-2第四列。

(3)确定底层指标综合权重

根据以上底层指标主观权重和客观权重的计算结果，由式(7-13)可得所有底层指标的综合权重。所有结果见表7-2第五列。

表7-2　子系统及指标权重

子系统	底层指标	G1主观赋权	熵值客观赋权	综合赋权
行动者转化	风险认知	0.2693	0.0678	0.1983
	邻避抗争	0.0822	0.1296	0.1157
	政府行为与态度	0.1283	0.0567	0.0791
	政府响应策略	0.0987	0.2225	0.2385
	企业生产经营	0.0228	0.1670	0.0414
事项转化	利益博弈	0.0747	0.1206	0.0978
	公众信任	0.1796	0.0760	0.1483
	公众需求	0.0342	0.0682	0.0253
情境转化	外部环境	0.0623	0.0509	0.0344
	邻避设施选址	0.0479	0.0408	0.0212

根据表7-2主客观权重相关数据可知，基于G1主观赋权和基于熵权赋权的方法分别得到的指标权重有明显差别。与单纯的主观赋权或客观赋权相比，利用定性和定量的思想，用G1-熵权结合进行综合赋权来确定底层指标权重的方法更有优势，既能体现指标社会经济属性重要性的主观意义，又能较好地兼顾指标数据传达的强度信息，因此评价结果更具有稳定性和可解释性。

7.3.2　子系统特征分析

垃圾邻避危机转化系统是由行动者转化子系统、事项转化子系统以及情境转化三个子系统组成的复杂系统，三个子系统的耦合作用共同决定了系统的发展度、协调度以及危机转化度。在前文计算出底层指标标准化后的数值及权重的基础上，进一步根据式(7-14)、式(7-15)及式(7-16)分别计算各子系统的评分值，并将26个案例的计算结果绘制成雷达图，以便更加直观地展示各子系统的得分区别与联系。结果如图7-4所示。

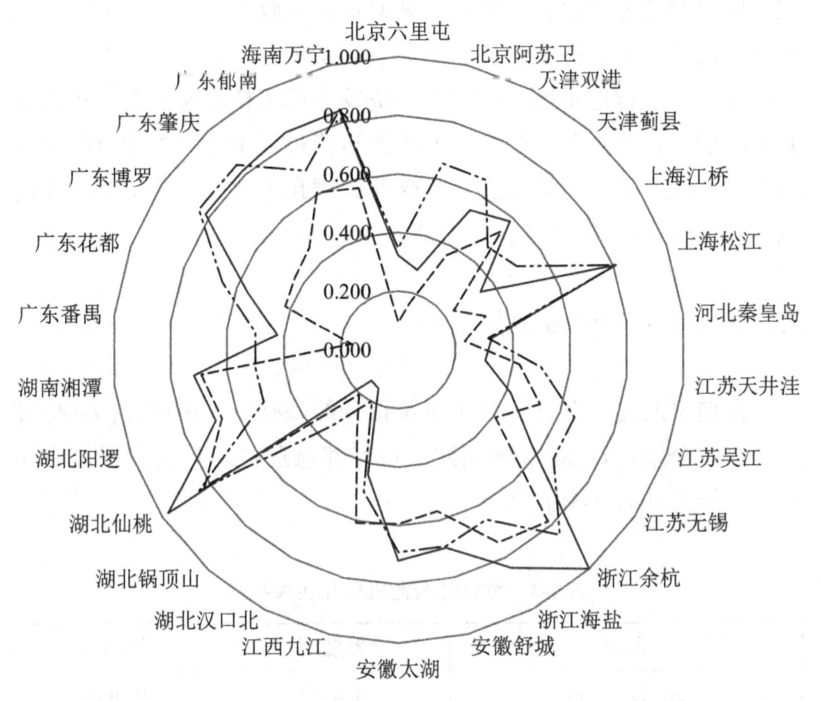

图 7-4　垃圾邻避危机转化子系统得分雷达图

由图 7-4 可知，相对于事项子系统和情境子系统而言，行动者子系统是大部分城市垃圾邻避危机转化的短板。具体到底层指标而言，由于邻避抗争是民众对政府垃圾邻避设施选址的抵抗，风险认知作为垃圾邻避设施选址争议的焦点，其核心问题是利益博弈，问题实质就是“风险与利益”再分配。随着新时代外部环境的优化，民众对程序公平和绿色发展的需求在不断增强，由此对地方政府转变发展理念、创新治理模式形成倒逼之势。然而长期以来，地方政府部门仍沿袭传统的行政主导型决策管理形式，政府行为与态度以及政府相应策略难以在短时间内转变。未来需要以垃圾邻避设施运营企业为纽带构建经济利益补偿机制，重塑政府与垃圾邻避设施周边民众及垃圾邻避企业之间的权力和责任关系。

事项转化和情境转化子系统得分均较高的城市有上海松江、浙江余杭、湖北仙桃、广东博罗、广东肇庆和海南万宁。究其本质，这些城市的地方政府在发生垃圾邻避危机后政府公正科学地回应民众利益诉求，不断完善危机转化利益协调机制，采取生态友好的空间修复与环境营造举措，以垃圾焚烧发电厂为核心推进的邻里公共服务附加，持续监测与公开企业生产运营过程中污染物排放的动态结果。由此可见，垃圾邻避危机转化关键在于政府、企业和民众的成本-收益函数实现三方利益均衡。

7.3.3　危机转化度效果分析

由前文所述，在计算各子系统得分的基础上，根据式(7-18)和式(7-20)分别计算 26 个典型城市垃圾邻避危机转化的发展度和协调度，结果如表 7-3 所示。

表 7-3　垃圾邻避危机转化相关指数

案例	发展度	协调度
北京六里屯	0. 4403	0. 4069
北京阿苏卫	0. 6337	0. 3718
天津双港	0. 8975	0. 8411
天津蓟州区	0. 9179	0. 9755
上海江桥	0. 6243	0. 7542
上海松江	1. 1213	0. 6087
河北秦皇岛	0. 5039	0. 9366
江苏天井洼	0. 7082	0. 8822
江苏吴江	0. 9222	0. 9035
江苏无锡	0. 9368	0. 8934
浙江余杭	1. 5178	0. 9689
浙江海盐	1. 2922	0. 9694

续表

案例	发展度	协调度
安徽舒城	1.1289	0.9743
安徽太湖	1.1581	0.9805
江西九江	0.8942	0.9473
湖北汉口北	0.3762	0.7656
湖北锅顶山	0.3985	0.6648
湖北仙桃	1.5264	0.9827
湖北阳逻	1.0601	0.9467
湖南湘潭	1.1047	0.9257
广东番禺	0.6272	0.5274
广东花都	0.9441	0.9063
广东博罗	1.2112	0.7742
广东肇庆	1.2282	0.8115
广东郁南	1.2333	0.9467
海南万宁	1.3018	0.9069

由表7-3可知，大部分城市垃圾邻避危机转化的发展度和协调度存在严重的失衡现象。究其根源，政府的治理方式具有维稳应急式的"短视"特点，一旦发生垃圾邻避抗争，地方政府习惯性首先选用强制执法方式以期迅速控制事件发展的态势，所采取的响应策略只是针对当前阶段的状态，然后在事态稍有缓和之后再根据民众反应做出选择性的回应，最后在事态平息后再进行宣传教育等活动。实质上，这种被动的、程序化的治理方式缺乏动态性和总结性，并没有从根本上转变政府行为与态度，也未能同时实现转变民众的风险认知、满足民众参与决策的需求和取得民众信任等目标，导致垃圾邻避危机转化管理成本高但效率低的尴尬局面。

转型时期中国危机转化管理面临治理理念和方式的重大转变，仅仅优化某个或某几个垃圾邻避危机转化底层指标不能从根本上实现危机转化，必须进行动能转换与短板补强的模式创新。具体而言，对垃圾邻避设施可能产生的危机必须在项目规划之初就予以预见、识别、分析和主动回应，而非在引发实际抗争行动后被动应对，即从“末端应对”转向“前端回应”。

一方面可在决策中内嵌入垃圾邻利型设施规划，对垃圾邻避空间在未来将产生的区域发展效益进行地方回馈，以转变多元主体围绕垃圾邻避空间所形成的空间关系与利益结构，形成“政府补贴—企业经营—居民补偿”的空间权利和责任逻辑，在“企业—公众”关系中，通过提供经济补偿与优化生产行为，削减企业建设垃圾邻避设施引发垃圾邻避抗争的危机属性，在“企业—政府”关系中，地方政府和企业在不同的发展情境和空间生产阶段下，形成技术升级和发展支持的关系。通过以上方式缓和垃圾邻避危机的空间冲突属性，从而实现对垃圾邻避危机转化的有效治理。

另一方面要完善多元主体利益协商机制。利用参与式决策、座谈协商等组织性工具开放决策过程，以及科普宣传、开放式参观体验等信息性工具，实现不同主体多元化知识结构与认知特征的交流和重塑，转变形成空间焦虑的认知经验。

为了进一步挖掘垃圾邻避危机转化典型案例的运行规律，本书运用基于柔性模糊划分的模糊均值聚类（FCM）算法，以协调度、发展度评分值的隶属度来归纳典型案例的类型。垃圾邻避危机转化发展度—协调度聚类图如图7-5所示。

由MATLAB2014a的聚类结果可知，26个典型城市垃圾邻避危机转化水平可被分为5类，其中浙江余杭、湖北仙桃等2个城市为第一类，此类城市垃圾邻避危机转化的发展度和协调度“双翼齐飞”，均处于高于0.9的较高水平，共谋垃圾邻避危机转化“一盘棋”；上海松江、浙江海盐、安徽舒城、安徽太湖、湖北阳逻、湖南湘潭、广东博罗、广东肇庆、广东郁南、海南万宁等10个城市为第二类，此类城市垃圾邻避危机转化的发展度和协调度大部分处于高于0.8的中高水平，相对于协调度而言，发展度“一枝独秀”。可通过提高子系统的协调度来进一步提高危机转化度；天津双港、天津蓟州区、江苏天井洼、江苏吴江、江苏无锡、江西九江、广东

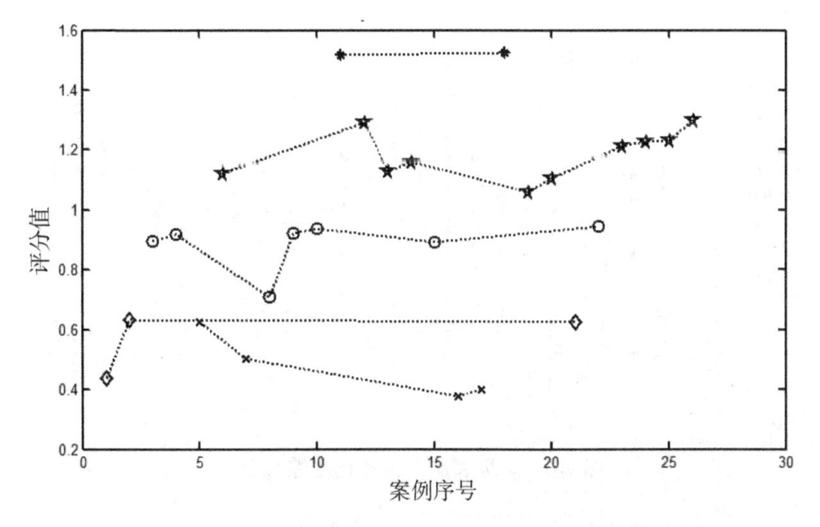

图 7-5　垃圾邻避危机转化发展度—协调度聚类图

花都等 7 个城市为第三类，此类城市垃圾邻避危机转化的发展度和协调度均处于高于 0.7 的中等水平，但发展度和协调度的发展较为均衡；上海江桥、河北秦皇岛、湖北汉口北、湖北锅顶山等 4 个城市为第四类，此类城市垃圾邻避危机转化的发展度和协调度大部分处于高于 0.5 的中低水平，相对协调度而言，其发展度水平较低，可通过提高发展度进一步提高危机转化度；北京六里屯、北京阿苏卫、广东番禺等 3 个城市为第五类，此类城市垃圾邻避危机转化的发展度和协调度中的某一个处于低于 0.55 的较低水平，发展度和协调度陷入“二元掣肘”的困境，需要同时优化发展度和协调度来提高危机转化度。

7.3.4　危机转化度综合评价

由前文所述，在计算出各典型案例的垃圾邻避危机转化发展度和协调度的基础上，根据式(7-21)计算 26 个典型城市垃圾邻避危机转化的危机转化度，结果如图 7-6 所示。

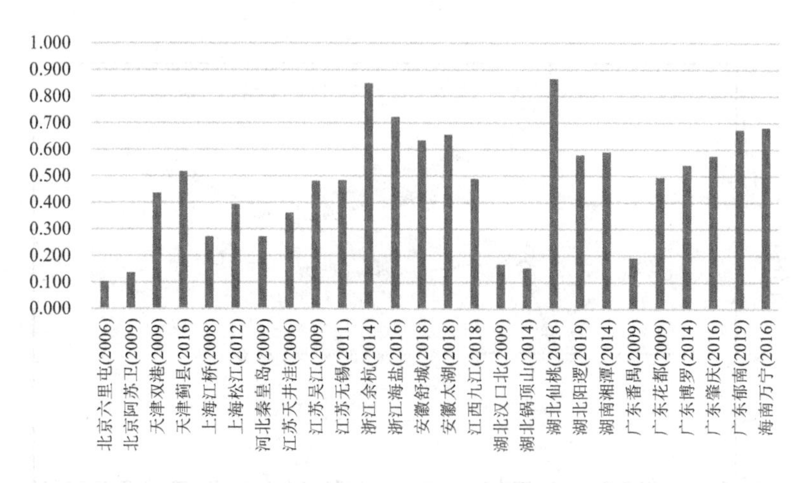

图 7-6　垃圾邻避危机转化度综合分析

从结果来看，大部分城市垃圾邻避危机转化度均在 0.7 以下。近年来在垃圾邻避危机转化中取得进展的成功事件，主要以个案呈现，尚未形成一种可供复制的垃圾邻避危机转化治理模式。如浙江余杭和湖北仙桃的垃圾邻避危机转化度分别为 0.849 和 0.866，这两个省份具有较高的经济发展水平和治理创新能力，被视作垃圾邻避危机治理的成功典例。但是不同地域所引发的垃圾邻避危机事件，在其具体的抗争动机、抗争指向、行动方式和回应策略等方面，在一定程度上具有独特性和差异性，这增加了政府治理垃圾邻避危机的难度。

从地域来看，垃圾邻避危机爆发具有随城市发展而演变的阶梯式演化特征。垃圾邻避危机事件一开始主要发生在一些经济发达的地区，集中在北京、上海、广东、江苏、浙江等地，后逐渐在湖北、湖南、安徽、江西等中部地区爆发。究其原因，垃圾邻避效应是发展之痛，更是进步之阶。随着城市经济社会发展进程的推进、空间规模的扩张和人口的增加，空间要素之间的冲突属性开始显现并逐渐升级，经济发展水平较高的城市其公共设施承载压力大，公众的环保意识和维权意识更强烈，尤其是在网络新媒体时代，公众更容易获取垃圾邻避事件相关的知识和政策，并在网络平台上发表

言论甚至动员维权。

从要素维度看，政府对治理理念、制度创新、决策方式和政策执行等四类要素的综合运用影响着垃圾邻避危机转化效果。民众发起的垃圾邻避抗争在一定程度上会极大地督促政府转变治理模式，在治理理念上“促转型”，在制度创新上“补短板”，在决策方式上“强能力”，在政策执行上“除积弊”。

本章小结

本章结合冲突转化理论界定了行动者转化、事项转化和情境转化三个子系统的含义，并根据前文扎根理论的编码结果，确定了各子系统包含的底层指标，由此构建了垃圾邻避危机转化指标体系。然后，以 26 个典型城市 2006—2019 年发生的垃圾邻避危机事件为研究对象，根据专家打分法得到底层指标原始数据，在对原始数据进行标准化后，分别运用 G1 赋权方法和熵权赋权方法确定底层指标的主、客观权重，在此基础上计算底层指标的综合权重及子系统的评分值。最后提出了基于改进向量空间模型的发展度，运用模拟仿真筛选了协调度，并进一步确定了危机转化度的度量方式。实证研究结果表明：大部分城市垃圾邻避危机转化度均在 0.7 以下，垃圾邻避危机转化效果受政府治理理念、制度创新、决策方式和政策执行的联合影响，样本城市垃圾邻避危机爆发具有随城市发展而演变的阶梯式演化特征。

第8章　垃圾邻避危机转化管理的对策建议

8.1　推进垃圾邻避危机转化管理模式创新

(1)构建垃圾邻避危机预警机制

建立邻避危机预警机制有利于提早防范、控制、化解邻避危机的发生，这对于政府处理邻避事件具有重要的意义和价值，而想要建立高效的邻避危机预警机制，政府需要做好以下几个方面的工作。

一是邻避危机预警机制需要具备科学性。邻避危机预警机制需要准确地收集邻避项目的信息，然后再根据收集的信息通过逻辑分析判断当前的状态，能较准确地预测到邻避危机的前兆，并及时示警，促使政府人员能及时采取行动措施。除此之外，科学性还体现在政府需要对公众的思想观念进行有序的引导，使得邻避项目周边区域的公众树立起正确的利益观念。在邻避项目实施前期政府可以召开新闻发布会或者座谈会，邀请一些国内外知名的专家、学者与公众代表进行面对面的沟通、交流，积极回答公众迫切想要知道的问题，大大减少他们的担忧。此外，政府可以通过各种网络平台公布邻避项目的相关信息，例如，邻避项目的安全程度、环保指数、可能影响、注意事项等，缓解他们对于邻避项目的焦虑，提升他们对邻避项目的接受度和认可度。

二是邻避危机预警机制需要具备前瞻性。政府要着重强化邻避危机预警机制的前瞻性，对于邻避危机风险做到超前反馈、及时布置，防邻避危机事件于未然。同时政府也要做好邻避危机预警所需资源的储备和调度，一旦察觉到邻避危机在不断演化，立即协同相关部门进行处理，调配预警资源，抑制邻避危机的发生。在垃圾邻避危机爆发之前，注重社会公共安全预警，将垃圾邻避危机抗争行为扼杀于摇篮。

三是邻避危机预警机制需要具备系统性。政府要做到邻避危机预警机制的系统化与一体化，政府部门一旦发现邻避危机的潜在风险，需要及时告知相关部门进行响应，政府各部门应统一邻避危机预警响应标准，除了制定一般性邻避危机预警响应政策，也需要考虑制定邻避危机预警响应备份方案，应对邻避危机不同情况的发生，保障邻避危机预警机制可以有效运行，做到居安思危、有备无患，以此化解潜在的邻避危机。

(2)提升政府治理能力现代化水平

要建立一套完整的垃圾邻避危机评价指标体系，从垃圾邻避危机各个环节完善对危险源的监测和预警体系，将垃圾焚烧设施与地方经济发展、社会效益、环境影响进行全面对比，从对比中识别垃圾焚烧设施问题的特异性，为民众在垃圾焚烧设施问题的深度理解接入噬菌细胞，认识到问题的关键所在，而不至于群体过度反应，缓解民众邻避情绪的重要途径包括以下几个方面。

一是加大科普教育力度。邻避项目对周围环境的影响是动态可控的，虽然负面影响不可避免，但可以通过规范、建设、运行降低其负面影响。但是我国公众对于邻避项目仍然产生了较强的抗拒情绪，在邻避危机中，这跟政府宣传不力有一定关系。虽然我国国民总体文化素质得到了提高，但是公众对某些专业领域的知识了解得还不是很到位，公众专业知识不足，就容易对一些未知的东西感到害怕，从而导致邻避危机中公众抗议事件的发生。对此，政府应充分利用媒体平台，通过新闻联播、纪录片、专家座谈会、干部宣讲、科学讲座、发放宣传手册等方式加大宣传力度，帮助公众形成对邻避项目客观、科学、理性的认知，缓解他们的抵触情绪，并且告诉他们一些注意事项以及防护措施。政府在宣传的时候要秉持客观真实、公开透明的原则，不能刻意淡化邻避项目的负面影响，以此蒙蔽公众，否则公众最后得知真相后，反而会产生更强烈的抗拒情绪。同时政府还要做好舆论导向工作，利用好当下的媒体平台，请一些知名的专家发表意见和看法，引导舆论走向是正确的，避免舆论朝不好的方向发展，让正确的舆论影响更多公众，帮助公众形成对邻避项目的正确认识，缓解他们对邻避项目的抗拒情绪，从而缓解邻避危机。

二是健全公众参与机制。政府在邻避项目动工前应通过多种渠道公布邻避项目信息，比如，在建设区域附近张贴邻避项目的告示，在政府官方网站及社交媒体等平台上发布邻避项目信息。必须确保邻避项目被建设区域附近的公众知晓。然后，政府应通过举办听证会、座谈会、实地调研等方式让公众参与到邻避项目的决策过程中来，充分征求公众意见，了解公众的利益诉求，体现人民群众的主体地位，确保邻避项目决策过程的民主性。同时公众也能为项目建设建言献策，让邻避项目变得更加完善，邻避项目如果能在最大程度上符合民意，那么其执行难度就会降低，从而推动邻避项目落地生根。

三是转变邻避问题治理思维。建设服务型政府是政府体制改革的方向，提升服务能力是政府开展群众工作的重点，健全服务机制能够帮助公众更好地理解建立邻避项目的初衷，促进政府和公众的良性互动，从而缓解邻避危机。健全服务机制首先要抛弃官本位思想，转变政府的服务理念，要树立为人民服务的理念，以广大人民群众的利益作为工作的出发点和落脚点，重视人民群众的利益诉求，想群众之所想、急群众之所急，心中时刻牵挂着人民群众。其次，政府要提升服务能力，政府工作人员要在邻避事件的实践中不断反思、总结，改进工作中存在的不足，以平等、尊重的态度与公众进行沟通、交流，主动解决公众在邻避事件中关切的问题。

(3) 加强垃圾邻避危机的全面系统管理

建立垃圾邻避设施全过程、全主体、全效益的管理机制，在垃

圾邻避设施的选址、规划、建设和运营的全过程中，积极邀请专家、媒体以及垃圾邻避设施周边的民众等主体进行沟通协商，对垃圾邻避项目建设的必要性、公平性、效益性进行全面评估，提高垃圾邻避项目决策的民主性、全面性和科学性。

一是完善信息公开制度。政府在决定实施邻避项目前，应加强邻避项目的信息公开，这样可以充分保障公众的知情权，在一定程度上缓解了公众的抗拒情绪。信息公开的内容包括但不限于邻避项目的建设公告、对公众意见的征集、邻避项目建设可行性分析、邻避项目的建设规划、邻避项目的安全检测等，让邻避项目的有关信息做到公开透明，消除公众对邻避项目产生的疑虑。信息公开除了采取新闻发布会、公示公告、发放宣传册等传统方式外，还可以在官方抖音、官网、微博、微信等网络平台发布信息，拓宽公开渠道，让更多的公众了解邻避项目的信息。在信息内容方面，要做到通俗易懂，政府应根据信息接收的受众群体，用通俗易懂的语言表达邻避项目的信息，或者选用图形、表格等更直观的形式呈现相关数据。

二是科学规划邻避项目。在垃圾邻避项目决策立项之初，及时公布稳评结论、专家建议等相关信息，为民众在垃圾邻避设施问题上注入“疫苗”。首先，政府要做好邻避项目的选址工作，邀请业内的专家、学者等专业人士讨论邻避项目的选址问题，论证邻避项目选址的科学性与合理性。在讨论邻避项目选址的过程中，应结合不同邻避项目的具体情况，综合考虑邻避项目的建设成本、项目建成后的运营情况、对周边区域公众的影响等多方面因素，尽可能地选择对周边区域公众影响最小的备选地点作为邻避项目的选址。随后，在邻避项目的设计阶段，政府召开项目评审会，选择符合资质、经验丰富的设计方，确定邻避项目的设计要点、选材用料、建设规范等，综合考虑交通、选址、用水用电、安全防护设计等。政府要会同交通运输部门、环保部门等多个部门共同做好邻避项目的审批工作，使邻避项目的建设过程符合绿色、安全、环保、文明的要求；在邻避项目的建设阶段，政府要加强与企业、公众的沟通交流，共同监督企业在邻避项目建设过程中的行为，确保企业按时按质完成邻避项目，尽量减少邻避项目的负外部效应的影响；最后，在邻避项目的运营阶段，政府应主动公开邻避项目的运营数据信息，可以通过权威的第三方检测机构对邻避项目运营阶段的污染物排放情况进行实时监测，并及时向邻避项目周边区域公众公开相关数据，增强公众的安全感。同时，政府还可以邀请一些具有较高声望的公众作为监督员，监督邻避项目在运营阶段的运营情况，确保邻避项目对周边区域环境的不利影响是在计划范围之内的，以保证邻避项目周边区域的环境质量。

8.2　强化社会风险协同治理的作用与效能

(1)发挥社区连接作用

通过开放式决策广泛引入社会各方力量，发挥社会各方的独特优势，为垃圾邻避危机转化管理注入新的活力。发挥社区连接地方政府和居民的社会桥梁作用，通过社区党员、社区环保志愿者进行入户调查，与垃圾邻避设施周边居民进行民意沟通。一方面，向居民普及垃圾邻避设施相关知识，树立区域利益共同体意识。另一方面听取居民的意见及建议，综合居民的利益诉求，为周边居民接受垃圾邻避设施做好前期铺垫。而当居民与当地政府矛盾激化时，社区服务者也能快速转变为辅助 T 细胞，凭借长期基层服务取得情感认同，配合当地政府与居民之间进行沟通协商，为垃圾邻避危机的韧性治理奠定良好的心理基础，降低居民对政府以及垃圾邻避设施的对抗和敌意，有效减少垃圾邻避冲突的行为。

(2)预设公共安全工作

一是提升公共安全体系的韧性治理。垃圾邻避危机爆发后，发挥各职能部门的优势，提升危机管理系统的应对能力，有效整合垃圾邻避危机转化管理目标。政府要塑造良好的形象，提高自身的公信力，通过各种网络平台向社会展示自身的治理成果，提高公众对政府的美誉度和忠诚度，积极营造良好的社会氛围。通过民政、公安、建设等部门的介入，宣传垃圾焚烧设施的政策、技术、价值，

同时挖掘异常情况及时处理，转变成为杀伤T细胞。

二是培养公众的公共理性精神。公众的公共理性精神可以促使公众对公共事务做出理性分析和判断，不仅仅聚焦于自身利益，也能考虑到社会的公共利益，在邻避事件中寻找个人利益与公共利益的平衡点，因此，培养公众的公共理性精神能提高邻避危机治理效能。一方面，政府要加强对公众公共理性精神的宣传教育。通过张贴标语、召开讲座、在网络平台上发布官方信息等方式，营造一种推崇理性的良好社会氛围，凸显公共利益对实现个人利益的重要性，促进个人利益与公共利益的有机融合。另一方面，政府可以扩大公众参与邻避危机治理的范围，公众在参与邻避危机治理的实践中更容易塑造理性精神，在治理过程中公众学会理性思考不同主体之间的利益关系，从而更加客观、公正地看待邻避问题。

(3)增强社会能动力

由于公众在知识、能力、素养等方面存在显著差异，有时公众参与邻避项目的决策、运营、监督等活动可能会造成无序治理或者低效治理。社会环保组织是独立于企业与政府之外的主体，由于其具备的独立性，因此它能够更容易取得政府、企业和公众的信任，公众能够借助第三方组织将自身的意见和想法传达给政府，第三方组织也能将政府的政策以公众更能理解的方式传达给公众。促进民众对垃圾邻避设施形成科学认知，增强民众的社会责任感和使命感，促使垃圾邻避设施利益问题形成新的平衡点，这些对于提高民众接受度具有重要作用，政府要加强社会环保组织的建设，可以从以下几个方面着手。

一是发挥意见领袖的作用。强化知名企业、权威专家、主流媒体以及环保社会精英群体化解垃圾邻避危机的作用，为垃圾邻避设施周边民众承担利益诉求和代言的角色，利用自身资源为民众搜集、分析相关信息，协助民众合法维权。

二是加强社会环保组织的建设。聘请专业人才作为社会环保组织的骨干人员，同时加强对社会环保组织成员的培训，提高他们的专业素质，社会环保组织可以弥补公众专业知识的不足，并克服沟通过程中公众理性的缺失，在社会环保组织专业人员的调解下，公众也会更加信服政府做出的各项决策。

三是明确社会环保组织的主体地位。在法律和制度层面上支持社会环保组织的运作，与此同时，政府可以通过税收优惠政策或者财政拨款等措施为社会环保组织的运作提供财政支持，根据社会环保组织在邻避事件中取得的成效高低给予相应的奖励，促进社会环保组织的发展。

8.3　健全垃圾邻避危机治理的保障机制

(1) 完善垃圾邻避项目利益补偿模式

邻避项目在建成后的运营过程中会产生负面外部效应，这会损害周边区域公众的集体利益，因此，政府对周边区域公众进行相应的补偿是缓解邻避危机的有效手段。这能减少公众对邻避项目的厌恶感，缓解他们的抗拒情绪，让他们的心中得到慰藉，在一定程度上能减少邻避危机发生的可能性，所以需要根据实际情况，建立起不同邻避项目的利益补偿机制。

一是丰富垃圾邻避利益补偿的形式。当前民众对居住环境的要求日益提高，单一形式的风险补偿并不能有效满足民众各类需求，需要多样化、灵活化的复合型风险补偿措施，兼顾短期利益与长期回报，有形补偿和无形回馈的理念，从经济补偿、心理补偿和生态补偿等多方面平衡相关主体的利益。具体而言包括征地补偿、税收减免等经济补偿，增建图书馆、游泳池、公园等公益性设施，提供就业、医疗保险、定期体检等公益性产品，企业计提部分利润用于周边民众的固定补偿，推动当地经济发展，经济的发展改善民众的生活，让民众共享垃圾邻避项目带来长期的利益。在生态保护方面，政府可以设立专门的生态保护资金，这笔资金用于开展保护环境的实事工程，例如，种植净化空气效果好的树木，每周检测一次环境。居民享受到邻避项目带来的一系列红利后，内心的获得感和幸福感不断增强，邻避事件发生的次数也就会大大减少。

二是保障垃圾邻避利益补偿落地。制定垃圾邻避设施利益补偿的指导性意见、办法，明确垃圾邻避危机利益补偿的基本要求、补偿范围及补偿对象，细化补偿标准、补偿时限、补偿方式、资金来源以及保障措施等，落实垃圾邻避设施“风险—成本”公平合理共担。

(2)构建垃圾邻避设施利益共同体

将城市建设规划、工商业布局、社区组织发展等规划进行整合，对垃圾焚烧设施的免疫防御进行自适应设计。此外，由于垃圾邻避危机(病毒)是动态发展的，存在变异的可能性，要根据外部环境、抗争对象、政策执行效果和事件发展态势等的动态变化及时调整决策方案，有效应对病毒变异的情形。

一是系统谋划垃圾邻避设施项目规划的顶层设计。政府结合垃圾邻避设施项目所处地区经济社会发展的实际情况，将垃圾邻避设施项目的建设融于城市规划的总体布局中，出台“邻利”型的区域发展政策，努力实现垃圾邻避设施与城市发展及生态保护和谐共生的效益最优化局面。

二是企业增强社会责任感，通过建设新颖独特、环境友好型的垃圾邻避设施，注重垃圾处理技术的研发，加大污染物治理力度等方式降低对周边环境污染的损害，通过建设公益的配套邻利设施，打造具有示范作用的旅游景点，带动当地其他产业的良性发展，积极推进利益主体之间的“互斥博弈”向“融合协同”发展。

(3)健全垃圾邻避项目的多方监管机制

垃圾邻避项目与政府及企业的利益直接相关，政府是垃圾邻避项目建设的支持者和监管者，容易造成监管不力、治理混乱的问题。因此，要充分发挥政府监督为主，企业自我监督及民众外部监督为辅的内外联动监管模式。

政府要建设全面、透明、便捷的智慧安全监管平台，对安全风险源头企业进行实时监控，及时公布违规、违法企业的信息。同时，要加强邻避项目决策过程中的责任认定，在邻避项目的集体决策过程中，可以根据决策者的地位、角色、作用，确定相关决策者应承担的责任，与此同时，政府还应健全决策讨论、决策记录、决策备案等相关制度，规范相关决策者的决策行为，从而保证邻避项目决策过程的科学性与合理性。

企业要加强自我监管，严格执行环保标准以降低前端的“环境风险”，安装污染物实时监控设备并将相关信息与政府监管部门联网并在厂区大屏向社会民众公示，削减末端“社会风险”。民众发现企业有排放超标行为时，可请专家协助判断监测数据的合理性，及时举报违规排放的企业。

(4)疏通垃圾邻避设施的司法程序

垃圾邻避设施风险预防的相关法律法规、政策制度以及条例等相当于人体的非特异性免疫，完善和推进垃圾邻避设施的法律治理模式为垃圾邻避危机治理拓宽了途径。政府要完善与邻避项目相关的法律制度，包括邻避项目的立项、决策、建设、运行等，保证政府实施的邻避项目符合法律制度的规定。此外，政府还应该进一步完善与邻避行为相关的法律法规，防止因为法律的不完善导致公众采取非理性手段进行维权，同时当出现邻避事件时，政府也能根据相应法律法规进行处理。一方面以法律条文、政策规章的形式明确垃圾邻避设施项目选址方案具体细则、责任划分及保障措施等，充分保障民众的合法权利，将垃圾邻避危机治理纳入法治化轨道。另一方面，在特定时间开办法律咨询窗口，使民众在利益补偿的问题方面能有一个快速而有效的诉讼渠道，保障民众的权利诉求，避免矛盾的累积与激化。

8.4　完善多元主体协同治理的联动机制

(1)建立民主协商机制

政府封闭决策及公众参与程度不高是垃圾邻避危机产生的重要原因，对于公众提出的问题或者异议，政府应当积极回应，采取妥善的办法进行解决。如果政府采取强硬的态度镇压或者不予理会，则会进一步激化矛盾。

一是构建协商交流平台。将“管制”转化为“协商”，为企业、民众及专家等相关利益主体提供可以理性讨论、民主对话的协商机

制和交流平台，就项目选址、利益诉求、风险补偿、替选方案等问题进行充分沟通，达成各方都能接受的决策方案。在协商的过程中，要尊重政府基于公共利益、企业基于商业利益、民众基于个人利益产生的认知偏好，平衡各利益主体的合理诉求，避免垃圾邻避危机成本—利益分配不公。

二是提高协同治理水平。政府应创新治理方式，促进多元主体协同治理，充分发挥企业、第三方组织、公众在邻避危机治理中的作用，汇聚多元主体合力，提高协同治理水平。企业作为邻避项目的建设单位，在获取利润的同时，也应当承担相应的责任。在向政府提交邻避项目信息的过程中，企业要确保其信息的准确性。在建设过程中，企业要控制好邻避风险，并做好采取补救措施的准备，并与公众沟通好相关情况以及注意事项。公众是邻避危机治理过程中的重要主体，公众在参与邻避危机治理的过程中应保持客观、冷静、理性，增强辨别信息真伪的能力，不听信谣言，不助长不良舆论，相信政府公布的官方信息。

三是提高公众政治协商能力。公众在面对政府实施的邻避项目时，不能仅有情绪上的过激反应，更应该冷静下来思考如何有效地与政府进行沟通，使自己的利益诉求得到满足，那么就必须提高自身的政治协商能力，这能帮助公众更好地与政府进行沟通、交流，在不断交涉的过程中寻找解决问题的最佳办法。一方面，在与政府交涉前应做好充分的信息收集工作，公众可以利用他们自身的优势，收集那些被政府机构和专家们忽视的信息，为政府机构在决策时提供新的依据，同时也为他们在与政府沟通的过程中奠定坚实的基础，具有说服力的信息被政府采纳和接受的可能性将会更大。另一方面，公众还应提高自身的文化素质，主动学习一些与政府邻避项目相关的专业知识，以便将收集而来的信息进行有效的整理和分析，这样能增强他们提议的科学性。

四是提高公共决策透明度。政府要让公众参与到政策制定的过程中来，部分政府在实施邻避项目的时候，采取“独断专行”的做法，这种做法没有考虑到公众的感受和利益，因而极易引起公众的反感。所以政府在制定政策的时候，尝试在与公众有效沟通的过程中了解他们的想法，可以通过举办座谈会、开展社区活动、建立联系机制等方式来与公众进行有效沟通。这样不仅可以充分了解公众的利益诉求，还能帮助政府与公众建立良好的政民关系。政府及时向社会公布具体的工作方案，包括但不限于建设起止时间、建设流程、政策规定等相关信息，规范利用现有的存量资源，通过听证会、座谈会等协商途径，定期集中处理与公众利益密切相关的问题，充分尊重公众权利，做到公平公正、公开透明。

(2)建立政府决策问责机制

建设垃圾邻避设施是提升政绩的方式之一，地方政府会大力推进垃圾邻避设施项目建设的进程，往往会有意忽视影响决策执行进度的行为。为激励政府主动落实公众参与的民主协商机制，需要调整当前基于“决策结果问责”的绩效考核方式，提升决策者对垃圾邻避项目建设科学决策的重视程度，有利于让民众感受到政府执政为民的态度。

一是建立决策过程问责制度，可在绩效考核中设立“公众参与度”“公众满意度”等相关软性指标，软性指标未完成的也会被问责，改变决策者只关注“看得见”、可量化的绩效考核指标的局面。

二是建立责任追究制度，保障公众参与邻避危机治理的权利不受侵犯，政府应加强对侵权责任主体的问责，强化政府人员对责任的感知，扩大公众参与邻避危机治理的影响力，以保证公众正常行使参与邻避危机治理的权利。同时拓宽公众参与邻避危机治理的渠道，加深公众参与邻避危机治理的深度。责任追究制度能够使公众以更加认真、负责的态度参与邻避危机治理中，激发公众参与邻避危机治理的热情，提高他们参与公共事务的积极性。

(3)建立信息共享机制

垃圾邻避危机的治理应该由末端垃圾邻避抗争经验式治理，转向前端基于生态环境大数据科学式治理，从技术层面提升政府决策的准确性和有效性。

一是建立垃圾邻避项目规划平台。通过政府、企业和民众之间的信息、资源的交流及共享，打破信息孤岛，为公众参与决策及政府信息公开提供便捷性。通过垃圾邻避项目规划动态进程图，对垃圾邻避项目规划、建设和运营各阶段的各类数据进行汇总和综合分析，得出实际进展与预期规划之间的偏差，提升下一次垃圾邻避设施规划的科学性和准确性，为精准决策提供数据支撑。

二是建立电子政务回应平台。依托网络这个载体，帮助政府更加高效地处理事件。同时，政府也要对回应平台的相关事项作出明确规定，例如，公众在平台上留言，多久后能得到回复。当公众在回应平台上提出问题后，政府应及时受理，根据问题的属性交由不同的部门人员进行答复，这样提高了政府与公众的沟通效率。

(4)探索危机情报的智慧化联动机制

垃圾邻避危机具有爆发突然、渗透性较强和信息传播较快的特点，需要“快刀斩乱麻”的解决方案。垃圾邻避危机知识库将案例问题描述、解决方案、具体措施及经验教训等信息录入知识库，方便决策者通过输入检索词在案例知识库中寻找相似的案例，更好地进行危险源识别、监测和预警，以便快速控制事态发展，降低危机带来的损失。

为了有效提高政府对垃圾邻避危机事件的应急处理能力和效率，未来可整合多重信息技术，建立垃圾邻避危机演化—识别—转化综合集成智能决策支持系统。垃圾邻避危机发生后，通过计算机、人工智能等技术，利用已有的知识、模型、算法等，提供“案例分析→人机交互→模型计算→系统评估→方案推送”的服务，对垃圾邻避危机的情景演化、危机识别、危机转化等方面进行全面支撑，提高决策者应急决策的能力，形成系统性的解决问题的方案。

本章小结

垃圾邻避危机影响因素复杂，要丰富垃圾邻避危机的治理途径。针对如何转化垃圾邻避设施项目可能带来的危机，本书从推进垃圾邻避危机转化管理模式创新、强化社会风险协同治理的作用与效能、健全垃圾邻避危机治理的保障机制和完善多元主体协同治理的联动机制四个方面提出了具体对策和建议。

第 9 章　研究总结与展望

9.1　研究总结

垃圾邻避危机作为随着社会发展而逐步凸显的一种社会群体性事件，如何有效治理垃圾邻避危机已经成为政府亟待解决的问题。本书从公共管理学、经济学、系统科学、灾害学、免疫学、计算机科学等多学科理论，综合运用扎根理论、动态贝叶斯网络、多目标优化、改进的带精英策略的非支配排序遗传算法、模糊集定性比较分析、G1 主观赋权、熵权客观赋权以及模拟仿真等方法构建模型并最终进行案例验证，实现模型构建与实证分析并举，研究总结如下。

(1)基于复杂系统涌现性的垃圾邻避危机情景演化

运用扎根理论对收集到的垃圾邻避案例信息进行了全面、严谨的分析，逐步抽象出垃圾邻避危机情景演化的范畴，剖析垃圾邻避危机情景演化动因模型，在此基础上揭示垃圾邻避危机演化规律。从理论上回答“垃圾邻避危机为什么会发生?”“垃圾邻避危机是如何演变的?”等基本问题。运用动态贝叶斯网络模型的建模方法，构建垃圾邻避危机情景演化模型，最后以仙桃垃圾焚烧邻避危机为例进行模型验证。

研究结果表明，从垃圾邻避危机的潜伏阶段到危机解决阶段，

情景状态 S_0、S_1、S_2、S_4、S_6、S_7、S_8 的概率分别为 67.4%、71.5%、73.9%、76.5%、79.7%、83.6% 和 89.2%，危机消失情景的概率也由 39.4% 上升到 60.0%。情景状态的概率随着危机演化逐渐恶化而变大，说明了在外部情境和应急管理的共同作用下，垃圾邻避危机情景状态不断朝良性方向演化；情景概率变化波动比较明显，反映了垃圾邻避危机情景演化过程中环境状态不断趋于良好。模型的整体情景演化路径与真实事态发展基本吻合，证实了该模型的有效性和可行性。

(2)基于免疫复杂系统的垃圾邻避危机识别

首先分析了基于免疫系统分析垃圾邻避危机识别的可行性，然后将垃圾邻避危机识别问题建模为 0-1 背包问题，解决此问题关键在于识别情景演化过程中会导致垃圾邻避危机的所有"非己"抗原，并运用多属性模糊决策的思想构建垃圾邻避危机识别决策矩阵。最后根据改进的 NSGA-Ⅱ对垃圾邻避危机识别模型进行求解，求得爆发垃圾邻避危机的所有要素组合，并从情景要素的角度，根据免疫系统的运行机制进行分析。

研究结果表明：仙桃垃圾邻避危机产生的根源是由于以下"非己"抗原攻击垃圾邻避危机免疫复杂系统引起的免疫反应：垃圾邻避设施负外部性的"异源性"引发公众关注和反应，公众感知系统抗原后，通过各种渠道表达自身不满，政府相关部门(T 细胞、B 细胞)忽视危险信号的强度，当强度达到"危机阈值"后，爆发垃圾邻避抗争，而后经过一系列应急管理措施(T 细胞、B 细胞开始增殖、分化)，形成满足公众需求的垃圾邻避危机处理方案(抗体)。

(3)基于复杂系统整体性的垃圾邻避危机转化路径

首先构建垃圾邻避危机转化路径"功—名—利"空间模型，运用路径依赖和路径突破的理论，剖析垃圾邻避危机转化的实践逻辑，然后运用基于复杂系统整体性的模糊集定性比较方法，将前文中风险认知(RP)、政府行为与态度(GBA)、利益博弈(IG)、企业生产经营(EPO)、公众需求(PD)、公众信任(PT)、政府响应策略(GRS)等 7 个因素作为条件变量，垃圾邻避危机转化作为结果变量。最后采用均值锚点法对变量进行赋值，通过 fsQCA3.0 软件对真值表进行数据分析。

研究结果表明：政府行为与态度以及利益博弈是垃圾邻避危机转化的必要条件，实现垃圾邻避危机转化的有效路径有三条：一是~EPO * GBA * IG * RP * ~PD * ~PT，为“失功-得名-失利”渐进式发展路径；二是~EPO * GBA * IG * RP * ~PD * GRS，为“得功-得名-失利”渐进式发展路径；三是 EPO * GBA * IG * RP * PD * PT * GRS，为“得功-得名-得利”突破式发展路径。

(4)基于复杂系统模拟仿真的垃圾邻避危机转化度

首先构建危机转化度评价指标体系，基于冲突转化理论及扎根理论编码结果，确定子系统和底层指标，建立垃圾邻避危机转化指标体系。其次确定底层指标的效用值和权重，通过定性分析确定底层指标定量评分值。以 26 个典型城市 2006—2019 年发生的垃圾邻避危机事件为研究对象，根据专家打分法得到底层指标原始数据，在 G1 主观赋权、熵权客观赋权，以及主客观综合赋权探索的基础上，计算底层指标的综合权重。然后建立垃圾邻避危机转化度评价模型，基于改进向量空间模型确定了危机转化发展度，根据复杂系统模拟仿真筛选最佳危机转化协调度，在此基础上综合集成，确定垃圾邻避危机转化度的度量公式。

研究结论为：大部分城市垃圾邻避危机转化的发展度和协调度存在严重的失衡现象，其危机转化度均在 0.7 以下。究其根源，长期以来，地方政府部门仍沿袭传统的行政主导型决策管理形式，政府行为与态度以及政府响应策略难以在短时间内转变。未来需要以垃圾邻避设施运营企业为纽带构建经济利益补偿机制，重塑政府与垃圾邻避设施周边民众及垃圾邻避企业之间的权力和责任关系。垃圾邻避危机转化效果受政府治理理念、制度创新、决策方式和政策执行的联合影响，样本城市垃圾邻避危机爆发具有随城市发展而演变的阶梯式演化特征。亟须在要素供给上“补短板”、在管理上“强能力”、在体制机制上“除积弊”、在治理理念上“促转型”。

9.2 创新点

(1)基于复杂系统涌现性，构建基于动态贝叶斯网络的垃圾邻避危机演化模型，为系统性认识垃圾邻避危机的演化机理提供理论基础。利用扎根理论系统性总结和归纳垃圾邻避危机的动因，揭示垃圾邻避危机的情景演化规律和路径，在此逻辑框架下，运用动态贝叶斯网络方法构建垃圾邻避危机演化网络模型。

(2)基于免疫复杂系统分析框架，构建垃圾邻避危机识别模型，为垃圾邻避危机有效转化提供决策依据。剖析基于免疫学的垃圾邻避危机分析框架，将危机识别问题转化为识别情景演化网络中的“非己”抗原，利用改进的 NSGA-Ⅱ求解多目标优化问题的帕累托解集，识别垃圾邻避危机情景演化的关键要素组合。

(3)基于复杂系统整体性和建模仿真，构建垃圾邻避危机转化路径分析和评价模型，为评估垃圾邻避危机转化成效提供新思路。在扎根理论编码结果的基础上，结合冲突转化理论的关键要素，确定了垃圾邻避危机转化的指标体系，探讨了基于 G1-熵权的主客观赋权，提出了综合赋权的计算公式。综合集成基于改进向量空间模型和复杂系统模拟仿真方法，构建危机转化度模型。

9.3 研究展望

由于研究能力、时间及篇幅的限制，本书对基于复杂系统视角的垃圾邻避危机识别与转化进行了初步的探讨，有待更加全面和深入地研究，下一步的研究可结合实际做出以下修改和完善。

(1)动态贝叶斯网络节点间条件概率分布、多属性决策中的术语集、危机转化相关指标的赋值等都是基于专家的主观知识和经验，虽然是囿于数据短缺条件下的选择，也具有一定程度的科学性，但无法从根源上消除主观性和模糊性。在后续研究中，可探究在大数据的支持条件下，采用智能分类算法进一步提高模型的科学性和普适性。

(2)模糊集定性比较分析法虽有助于跨案例研究，得出导致结果发生的条件变量组合，但难以确定条件变量的时间先后顺序对结果变量的影响。因而，在未来的研究中，可通过判断条件变量的多重共线性问题，再据此进一步考察条件变量的时序差异对垃圾邻避危机转化路径的微观作用，增加模型的解释力。

(3)垃圾邻避危机转化是一个动态过程，需要根据危机演化的不同特征和不同危机要素组合做出一系列具有逻辑关联的序贯决策。如何深化对垃圾邻避危机全主体、全过程、全效益的认识，并提出一个行之有效的垃圾邻避危机转化管理综合性分析框架，是未来可以进一步探究的问题。

参考文献

[1]关于印发《“十四五”城镇生活垃圾分类和处理设施发展规划》的通知_其他_中国政府网[EB/OL]. http://www.gov.cn/zhengce/zhengceku/2021-05/14/content_5606349.htm.

[2] Hoornweg D, Bhada-Tata P, Kennedy C. Environment: Waste Production Must Peak this Century[J]. Nature, 2013, 502(7473): 615-617.

[3] Mervis, J. Garbology 101: Getting a Grip on Waste[J]. Science, 2012, 337(6095): 668-672.

[4] Jambeck J R, Geyer R, Wilcox C, et al. Plastic Waste Inputs from Land into the Ocean[J]. Science, 2015, 347(6223): 768-771.

[5] Liu Y, Sun C, Xia B, et al. Impact of Community Engagement on Public Acceptance Towards Waste-to-energy Incineration Projects: Empirical Evidence from China[J]. Waste Management, 2018, 76: 431-442.

[6] O'Hare M. Not on My Back, You Don't: Facility Sitting and the Strategic Important of Compensation[J]. Public Policy, 1987, 25(4): 407-458.

[7] Kraft M E, Clary B B. Citizen Participation and the Nimby Syndrome: Public Response to Radioactive Waste Disposal[J]. Political Research Quarterly, 1991, 44(2): 299-328.

[8] Vittes M E, Iii P H P, Lilie S A. Factors Contributing to NIMBY

Attitudes[J]. Waste Management, 1993, 13(2): 125-129.
[9]陶鹏, 童星. 邻避型群体性事件及其治理[J]. 南京社会科学, 2010(8): 63-68.
[10]崔晶. 中国城市化进程中的邻避抗争: 公民在区域治理中的集体行动与社会学习[J]. 经济社会体制比较, 2013(3): 167-178.
[11]李琳, 刘海东. 环境邻避冲突中公众纠纷解决机制的发展与完善[J]. 中国环境管理, 2019, 11(1): 76-79.
[12]王娟, 刘细良, 黄胜波. 中国式邻避运动: 特征、演进逻辑与形成机理[J]. 当代教育理论与实践, 2014, 6(10): 182-184.
[13]何艳玲. "中国式"邻避冲突: 基于事件的分析[J]. 开放时代, 2009(12): 102-114.
[14]Xia D, Y Li, Y He, et al. Exploring the Role of Cultural Individualism and Collectivism on Public Acceptance of Nuclear Energy[J]. Energy Policy, 2019, 132: 208-214.
[15]李小敏, 胡象明. 邻避现象原因新析: 风险认知与公众信任的视角[J]. 中国行政管理, 2015(3): 131-135.
[16]Zheng J, Yu L, Ma G, et al. Residents' acceptance towards waste-to-energy facilities: formation, diffusion and policy implications [J]. Journal of Cleaner Production, 2020, 287(9): 125560.
[17]Arning K, Heek O V, Sternberg A, et al. Risk-benefit Perceptions and Public Acceptance of Carbon Capture and Utilization [J]. Environmental Innovation and Societal Transitions, 2019, 35, 292-308.

[18]张俊. 浅析邻避效应对我国城市生活垃圾处理的影响[J]. 环境卫生工程, 2014, 22(3): 34-35.
[19]王奎明, 钟杨. "中国式"邻避运动核心议题探析——基于民意视角[J]. 上海交通大学学报(哲学社会科学版), 2014, 22(1): 23-33.
[20]鄢德奎, 李佳丽. 中国邻避冲突的设施类型、时空分布与动员结构——基于531起邻避个案的实证分析[J]. 城市问题, 2018

(9)：4-12.

[21]黄震，张桂蓉. 居民对垃圾焚烧发电项目风险感知的影响因素研究——基于H省J市垃圾焚烧发电项目的实证分析[J]. 行政论坛，2019(1)：86-91.

[22]Simsek C, Elci A, Gunduz O, et al. An Improved Landfill Site Screening Procedure under NIMBY Syndrome Constraints [J]. Landscape and Urban Planning, 2014, 132：1-15.

[23]Wong, Natalie W M. Advocacy Coalitions and Policy Change in China：A Case Study of Anti-incinerator Protest in Guangzhou[J]. International Journal of Voluntary and Nonprofit Organizations, 2016, 27(5)：2037-2054.

[24]Johnson, Thomas. The Politics of Waste Incineration in Beijing：The Limits of a Top-Down Approach? [J]. Journal of Environmental Policy & Planning, 2013, 15(1)：109-128.

[25]Wang Y, Shen C, Bartsch K, et al. Exploring the Trade-off between Benefit and Risk Perception of NIMBY Facility：A Social Cognitive Theory Model[J]. Environmental Impact Assessment Review, 2021, 87(2)：106555.

[26]张劲松. 邻避型环境群体性事件的政府治理[J]. 理论探讨，2014(5)：20-25.

[27]吴勇，扶婷. 社区利益协议视角下邻避项目信任危机与应对[J]. 湘潭大学学报(哲学社会科学版)，2021，45(2)：19-25.

[28]Stern P C, Dietz T, Guagnano G A. The New Ecological Paradigm in Social-Psychological Context[J]. Environment & Behavior, 1995, 27(6)：723-743.

[29]Poortinga W, Steg L, Vlek C. Values, Environmental Concern, and Environmental Behavior：A Study into Household Energy Use[J]. Environment & Behavior, 2004, 36(1)：70-93.

[30]胡象明，刘鹏. 价值冲突视角下敏感性工程社会稳定风险的成因及其治理困境[J]. 武汉大学学报(哲学社会科学版)，2019，

72(2)：184-192.

[31]龚泽鹏，彭晓玥，王洪，等. 邻避行为的影响因素：一项质性元分析[J]. 情报杂志，2018，37(11)：89-95.

[32]辛方坤. 邻避风险社会放大过程中的政府信任：从流失到重构[J]. 中国行政管理，2018(8)：126-131.

[33]Yong Liu, Yujia Ge, Bo Xia, et. al, Enhancing Public Acceptance towards Waste-to-energy Incineration Projects：Lessons Learned from a Case Study in China[J]. Sustainable Cities and Society, 2019, 48：431-442.

[34]Linlin Sun, Esther H. K. Yung, Edwin H. W. et al. Issues of NIMBY Conflict Management from the Perspective of Stakeholders：A Case Study in Shanghai[J]. Habitat International, 2016, 53：133-141.

[35]Xiang Z, Jian-Gang X, Yang J. Public Participation in NIMBY Risk Mitigation：A Discourse Zoning Approach in the Chinese Context[J]. Land Use Policy, 2018, 77：559-575.

[36]杨雪锋，何兴斓，金家栋. 邻避效应的行为逻辑、多重困境及治理策略——基于垃圾焚烧规划选址情景的分析[J]. 中共杭州市委党校学报，2018(2)：48-54.

[37]Xinyue Yao, Jia He, Cunkuan Bao. Public Participation Modes in China's Environmental Impact Assessment Process：An Analytical Framework Based on Participation Extent and Conflict level[J]. Environmental Impact Assessment Review, 2020, 84(9)：106400.

[38]万筠，王佃利. 中国邻避冲突结果的影响因素研究——基于40个案例的模糊集定性比较分析[J]. 公共管理学报，2019，16(1)：66-76，172.

[39]邵青. 协商治理视角下邻避效应化解的策略分析——以杭州市和仙桃市垃圾焚烧发电项目为例[J]. 中国管理信息化，2019，22(12)：181-184.

[40]唐庆鹏，康丽丽. 用地冲突，还是公共性危机？——邻避问题认知与治理的演进脉络[J]. 天津社会科学，2016(1)：73-77.

[41] Liu Z, Lu L, Mei C. Not-in-my-backyard but Let's Talk: Explaining Public Opposition to Facility Siting in Urban China[J]. Land Use Policy, 2018, 77: 471-478.

[42]周亚越，李淑琪，张芝雨. 正义视角下邻避冲突主体的对话研究——基于厦门、什邡、余杭邻避冲突中的网络信息分析[J]. 浙江社会科学，2018(7)：89-98，158.

[43]邓集文. 中国城市环境邻避风险治理的转型[J]. 湖南社会科学，2019(3)：60-68.

[44]Huang L, Zhou Y, Han Y, et al. Effect of the Fukushima Nuclear Accident on the Risk Perception of Residents Near a Nuclear Power Plant in China[J]. Proceedings of the National Academy of Sciences, 2013, 110(49): 19742-19747.

[45]吕书鹏，王琼. 地方政府邻避项目决策困境与出路——基于"风险-利益"感知的视角[J]. 中国行政管理，2017(4)：113-118.

[46]陈宝胜. 邻避冲突治理的地方政府行为逻辑[J]. 中国行政管理，2018(8)：119-125.

[47]张紧跟. 邻避冲突何以协商治理：以杭州九峰垃圾焚烧发电项目为例[J]. 行政论坛，2018，25(4)：92-99.

[48]卜玉梅. 邻避风险沟通场域中的话语竞技及其对冲突化解的启示[J]. 中国地质大学学报：社会科学版，2018，18(5)：104-112.

[49]Huang Y, Ning Y, Zhang T, et al. Public Acceptance of Waste Incineration Power Plants in China: Comparative Case Studies[J]. Habitat International, 2015, 47: 11-19.

[50]Ren X, Che Y, Yang K, et al. Risk Perception and Public Acceptance Toward a Highly Protested Waste-to-Energy Facility[J]. Waste Management, 2016, 48: 528-539.

[51]Bearth A, Siegrist M. Are Risk or Benefit Perceptions more Important for Public Acceptance of Innovative Food Technologies: A Meta-analysis[J]. Trends in Food Science & Technology, 2016,

49: 14-23.

[52]Garnett K, Cooper T, Longhurst P, et al. A Conceptual Framework for Negotiating Public Involvement in Municipal Waste Management Decision-making in the UK[J]. Waste Management, 2017, 66: 210-221.

[53]Zhang D, Huang G, Xu Y, et al. Waste-to-Energy in China: Key Challenges and Opportunities[J]. Energies, 2015, 8: 14182-14196.

[54]张瑾, 商艺凡. 邻避补偿回馈机制的利益聚合能效研究[J]. 领导科学, 2019(10): 7-11.

[55]张向和, 彭绪亚. 基于邻避效应的垃圾处理场选址博弈研究[J]. 统计与决策, 2010(20): 45-49.

[56]刘小峰. 邻避设施的选址与环境补偿研究[J]. 中国人口·资源与环境, 2013, 23(12): 70-75.

[57]张飞, 张翔, 徐建刚. 基于多主体包容性的邻避效应全过程风险规避研究[J]. 现代城市研究, 2013(2): 17-22.

[58]Lu J W, Xie Y, Xu B, et al. From NIMBY to BIMBY: An Evaluation of Aesthetic Appearance and Social Sustainability of MSW Incineration Plants in China[J]. Waste Management, 2019, 95: 325-333.

[59]Kikuchi R, Gerardo R. More than a Decade of Conflict Between Hazardous Waste Management and Public Resistance: A case study of NIMBY Syndrome in Souselas (Portugal)[J]. Journal of Hazardous Materials, 2009, 172(2): 1681-1685.

[60]谭爽. 邻避运动与环境公民社会建构——一项“后传式”的跨案例研究[J]. 公共管理学报, 2017, 14(2): 48-58.

[61]H. Kahn, A Wiener. The Year 20: A Framework for Speculation on the Next Thirty-three Years[M]. New York: MacMillan, 1967.

[62]李湖生. 风险评估与情景构建在应急体系规划中的应用[J]. 劳动保护, 2020(5): 78-81.

[63]游志斌, 李颖. 大城市应急救助物资储备策略探讨——基于情

景构建的视角[J]. 城市与减灾, 2020(2): 20-23.

[64]盛勇, 孙庆云, 王永明. 突发事件情景演化及关键要素提取方法[J]. 中国安全生产科学技术, 2015, 11(1): 17-21.

[65]王永明. 事故灾难类重大突发事件情景构建概念模型[J]. 中国安全生产科学技术, 2016, 12(2): 5-8.

[66]陈雪龙, 卢丹, 代鹏. 基于粒计算的非常规突发事件情景层次模型[J]. 中国管理科学, 2017, 25(1): 129-138.

[67]姜波, 张超, 陈涛, 袁宏永, 范维澄. 基于 Bayes 网络的暴雨情景构建和演化方法[J]. 清华大学学报(自然科学版), 2021, 61(6): 509-517.

[68]陈刚, 谢科范, 刘嘉, 等. 非常规突发事件情景演化机理及集群决策模式研究[J]. 武汉理工大学学报(社会科学版), 2011, 24(4): 458-462.

[69]Wright D, Stahl B, Hatzakis T. Policy scenarios as an instrument for policymakers[J]. Technological Forecasting and Social Change, 2020, 154: 119972.

[70]雷晓康, 刘冰. 应急管理常态化体系构建: 框架设计与实现路径[J]. 甘肃行政学院学报, 2020(6): 57-65, 126.

[71]郄子君, 荣莉莉. 面向灾害情景推演的区域模型构建方法研究[J]. 管理评论, 2020, 32(10): 276-292.

[72]Salmon P M, Walker G H, Read G M, et al. Fitting Methods to Paradigms: Are Ergonomics Methods Fit for Systems Thinking? [J]. Ergonomics, 2016, 60(2): 194-205.

[73]Da Llat C, Salmon P M, Goode N. Risky Systems Versus Risky People: To What Extent do Risk Assessment Methods Consider the Systems Approach to Accident Causation? A Review of the Literature [J]. Safety Science, 2019, 119: 266-279.

[74]李维, 寇纲, 尔占打机. 基于需求的"情景-应对"型应急物资储备水平分析[J]. 中国管理科学, 2012, 20(11): 279-283.

[75]王旭坪, 杨相英, 樊双蛟, 等. 非常规突发事件情景构建与推演方法体系研究[J]. 电子科技大学学报(社科版), 2013(1):

22-27.
[76]陈祖琴，葛继科，苏新宁，等. 情景-应对模式下面向复用的应急策略情报加工方法研究[J]. 情报杂志，2017，36(9)：31-37.
[77]张磊，王延章，陈雪龙. 基于知识元的非常规突发事件情景模糊推演方法[J]. 系统工程学报，2016(6)：729-738.
[78]王循庆，李勇建，孙华丽. 基于随机 Petri 网的群体性突发事件情景演变模型[J]. 管理评论，2014，26(8)：53-62.
[79]孙华丽，王循庆，薛耀锋. 基于不同情景的群体性突发事件随机演化博弈模型[J]. 运筹与管理，2016，25(4)：23-30.
[80]李燕凌，丁莹. 网络舆情公共危机治理中社会信任修复研究——基于动物疫情危机演化博弈的实证分析[J]. 公共管理学报，2017(4)：96-106，162.
[81]彭小兵，王霄鹤. 环境公共危机演化的信息博弈机理与治理路径——以"8·12 天津港爆炸事件"为例[J]. 内蒙古科技与经济，2019(1)：29-33.
[82]王宁，刘海园. 基于知识元的突发事件情景演化混合推理模型 [J]. 情报学报，2016，6(11)：1197-1207.
[83]仲秋雁，郭艳敏，王宁，等. 基于知识元的非常规突发事件情景模型研究[J]. 情报科学，2012，3(1)：117-122.
[84]杨保华，方志耕，刘思峰，等. 基于 GERTS 网络的非常规突发事件情景推演共力耦合模型[J]. 系统工程理论与实践，2012，32(5)：963-970.
[85]徐绪堪，李一铭. 基于情景相似度的突发事件多粒度响应模型研究[J]. 情报科学，2021，39(2)：18-23，43.
[86]王琳. 面向突发事件的粮食应急案例库本体构建研究[J]. 情报杂志，2020，39(5)：162-167.
[87]于超，邬开俊，张梦媛，王铁君. 非常规突发事件的情景构建与演化分析[J]. 兰州交通大学学报，2020，39(3)：39-46.
[88]Chen C, Reniers G, N Khakzad. A Dynamic Multi-agent Approach for Modeling the Evolution of Multi-hazard Accident Scenarios in Chemical Plants [J]. Reliability Engineering & System Safety,

2021, 207: 107349.

[89] George P G, Renjith V R. Evolution of Safety and Security Risk Assessment Methodologies to use of Bayesian Networks in Process Industries[J]. Process Safety and Environmental Protection, 2021, 149: 758-775.

[90] 李晓燕, 冯俊文, 李永忠, 等. 突发性公共事件的危机管理[J]. 统计与决策, 2008(4): 67-69.

[91] 余潇枫, 潘临灵. 智慧城市建设中"非传统安全危机"识别与应对[J]. 中国行政管理, 2018(10): 127-133.

[92] Ian Cameron, Sam Mannan, Erzsébet Németh et al. Process Hazard Analysis, Hazard Identification and Scenario Definition: Are the Conventional Tools Sufficient, or Should and can We do Much Better? [J]. Process Safety and Environmental Protection, 2017, 10: 53-70.

[93] Baybutt, Paul. On the completeness of scenario identification in process hazard analysis (PHA)[J]. Journal of Loss Prevention in the Process Industries, 2018, 55: 492-499.

[94] HuChen Liu, XuQi Chen, ChunYan Duan et al. Failure Mode and Effect Analysis Using Multi-criteria Decision Making Methods: A Systematic Literature Review [J]. Computers & Industrial Engineering, 2019, 135: 881-897.

[95] 苏海军, 欧阳红兵. 危机传染效应的识别与度量——基于改进MIS-DCC的分析[J]. 管理科学学报, 2013, 16(8): 20-30.

[96] 杨青, 刘星星, 陈瑞青, 等. 基于免疫系统的非常规突发事件风险识别模型[J]. 管理科学学报, 2015, 18(4): 49-61.

[97] 王爱民, 林津普. 基于复杂网络的复杂项目危机传染过程研究[J]. 技术经济, 2016, 35(5): 92-97.

[98] 王维国, 王际皓. 货币、银行与资产市场风险状况的识别——基于金融压力指数与MSIH-VAR模型的实证研究[J]. 国际金融研究, 2016(8): 71-81.

[99] 魏玲, 郭新朋. 基于贝叶斯后验的网络舆论三角模糊数型危机

识别[J]. 统计与决策, 2018(6): 25-28.
[100]周昕, 邱长波, 李瑞. 基于贝叶斯网络的网络舆情危机节点诊断研究[J]. 现代情报, 2018, 38(11): 61-67.
[101]何勇. 洞察“危”识别“机”——基于新冠肺炎疫情危机对企业发展影响的思考[J]. 中国农垦, 2021(2): 4-5.
[102]徐殿龙. 危机管理的真谛是化“危”为“机”[J]. 中国建材, 2014 (5): 121-123.
[103]杨青, 杨帆, 刘星星, 王湛. 基于免疫学的非常规突发事件识别和预控[M]. 北京: 科学出版社, 2015.
[104]沈一兵. 从社会风险到公共危机的转化机理[J]. 中国管理信息化, 2015, 18(4): 218-219.
[105]宋玉臣, 李洋. 突发事件背景下资本市场系统性风险的识别: 典型事实、理论机制与区制特征[J]. 云南财经大学学报, 2021, 37(4): 28-42.
[106]李策. 疫情防控常态化背景下湖南省5A级旅游景区发展对策[J]. 怀化学院学报, 2021, 40(2): 44-47.
[107]诺曼·奥古斯丁等.《危机管理》[M]. 北京: 中国人民大学出版社, 2001: 5.
[108]冯契等.《哲学大词典》[M]. 上海: 上海辞书出版社, 2000: 324.
[109]薛澜等.《危机管理》[M]. 北京: 清华大学出版社, 2003: 25.
[110]罗森塔尔, 查尔斯. 应对危机: 灾难、暴乱和恐怖行为管理[M]. 郑州: 河南人民出版社, 2014.
[111]党艺, 余建辉, 张文忠. 环境类邻避设施对北京市住宅价格影响研究——以大型垃圾处理设施为例[J]. 地理研究, 2020, 39(8): 1769-1781.
[112]顾金喜, 胡健. 邻避冲突的治理困境与策略探析: 一种基于文献综述的视角[J]. 中共杭州市委党校学报, 2021(1): 40-48.
[113]胡象明, 刘浩然. 邻避概念的多重污名化与工程人文风险框架的构建[J]. 理论探讨, 2020(1): 155-160.

[114]郑光梁，魏淑艳. 邻避冲突治理——基于公共价值分析的视角[J]. 理论探讨，2019(2)：166-171.

[115]俞武扬. 基于情绪宣泄效用的邻避冲突演化博弈[J]. 运筹与管理，2020，29(3)：53-62.

[116]刘淑妍，李志博，丁进锋. 协同视域下当代中国环境邻避冲突治理模式探讨[J]. 南京邮电大学学报(社会科学版)，2020，22(3)：35-43.

[117]侯光辉，王元地. "邻避风险链"：邻避危机演化的一个风险解释框架[J]. 公共行政评论，2015，8(1)：4-28，198.

[118]邵任薇，连晓琳，李晨馨. 城市更新中的邻避困境与邻避治理[J]. 上海城市管理，2021，30(1)：85-90.

[119]张晨. 环境邻避冲突中的民众抗争与精英互动：基于地方治理结构视角的比较研究[J]. 河南社会科学，2018(1)：113-119.

[120]刘智勇，陈立，郭彦宏. 重构公众风险认知：邻避冲突治理的一种途径[J]. 领导科学，2016(32)：29-31.

[121]田亮，郭佳佳. 城市化进程中的地方政府角色与"邻避冲突"治理[J]. 同济大学学报(社会科学版)，2016，27(5)：61-67.

[122]赵小燕. 邻避冲突参与动机及其治理：基于三种人性假设的视角[J]. 武汉大学学报(哲学社会科学版)，2014(2)：36-41.

[123]Herrero，Alfonso González，Pratt C B. An Integrated Symmetrical Model for Crisis-Communications Management[J]. Journal of Public Relations Research，1996，8(2)：79-105.

[124]于博. 复杂性科学视角下的重大突发事件综合应急管理体系研究[J]. 青海科技，2020，27(3)：20-24.

[125]Gates，Emily F. Making Sense of the Emerging Conversation in Evaluation About Systems Thinking and Complexity Science[J]. Evaluation and program planning，2016，59：62-73.

[126]Walton M. Applying complexity theory：A Review to Inform Evaluation Design[J]. Evaluation and program planning，2014，

45：119-126.

[127] Rosas S, Knight E. Evaluating a Complex Health Promotion Intervention：Case Application of Three Systems Methods[J]. Critical Public Health, 2019, 29(3)：337-352.

[128] Fuentes M A, JP Cárdenas, Carro N, et al. Development and Complex Dynamics at School Environment[J]. Complexity, 2018, 3963061.

[129] Eker S, Zimmermann N, Carnohan S, et al. Participatory System Dynamics Modelling for Housing, Energy and Wellbeing Interactions[J]. Building research & information, 2018, 46(7)：738-754.

[130] Matthew F, Danijela M, Frances B, et al. Social Determinants in an Australian Urban Region：A 'Complexity' Lens[J]. Health Promotion International, 2016, 31(1)：163-174.

[131] Mcgill E, V Er, Penney T, et al. Evaluation of Public Health Interventions from a Complex Systems Perspective：A Research Methods Review[J]. Social Science & Medicine, 2021, 272(1)：113697.

[132] 王兴鹏. 大数据下突发事件应急决策体系重构[J]. 安全, 2018, 1(15)：1-3.

[133] Pho K H, Tran T K, Ho D C, et al. Optimal Solution Techniques in Decision Sciences A Review[J]. International Association of Decision Sciences, 2019, 23：114-161.

[134] 张继宏, 郅若平, 齐绍洲. 中国碳排放交易市场的覆盖范围与行业选择——基于多目标优化的方法[J]. 中国地质大学学报(社会科学版), 2019, 19(1)：34-45.

[135] 张福生, 王成. 多目标优化视角下碳配额的分配模型[J]. 当代经济, 2021(3)：82-85.

[136] 齐玉欣, 付亚平, 孙翠华. 考虑能耗优化和学习效应的随机多目标并行机调度问题研究[J]. 青岛大学学报(自然科学版), 2021, 34(1)：82-86.

[137]王峰，韩孟臣，赵耀宇，张衡. 基于改进 NSGA-II 算法求解多目标资源受限项目调度问题[J]. 控制与决策，2021，36(3)：669-676.

[138]李巧茹，范忠国，田晓勇，等. 考虑震后道路可靠性的多目标应急调度问题研究[J]. 信息与控制，2019，48(3)：372-379.

[139]罗梓瑄，杨杰庆，刘学文. 基于 NSGA-Ⅱ的考虑客户满意度的多目标车辆路径问题研究[J]. 重庆师范大学学报(自然科学版)，2020，37(6)：13-17.

[140]赖志柱，王铮，戈冬梅，陈玉龙. 多目标应急物流中心选址的鲁棒优化模型[J]. 运筹与管理，2020，29(5)：74-83.

[141]宋英华，苏贝贝，霍非舟，等. 考虑动态需求的应急物资配送中心快速选址研究[J]. 中国安全科学学报，2019，29(8)：172-177.

[142]李雪，李芳. 云环境下大规模定制中资源配置研究[J]. 工业工程，2021，24(1)：147-154.

[143]赵佳虹，王丽，黄宇富. 多源风险防控下危险废物物流的应急选址模型[J]. 交通科技与经济，2021，23(1)：1-6.

[144]王文静，孙峥峥，刘春原. 装配式建筑产业链合作伙伴选择的三阶段模型及方法研究[J]. 科技促进发展，2021，17(2)：326-336.

[145]万杰，耿丽，田喆. 基于改进的蚁群算法求解多目标生鲜农产品车辆路径[J]. 山东农业大学学报(自然科学版)，2019，50(6)：1080-1086.

[146]朱小林，李敏. 考虑碳排放的冷链物流轴幅式网络多目标优化[J]. 计算机应用与软件，2021，38(3)：256-263.

[147]刘勤明，叶春明，吕文元. 考虑中间库存缓冲区的多目标设备不完美预防维修策略研究[J]. 运筹与管理，2020，29(10)：126-131.

[148]Reimann C. Assessing the State-of-the-Art in Conflict Transformation [M]. VS Verlag für Sozialwissenschaften. 2004.

[149]“冲突转化全球联盟”组织网站：http：//www. transconflict.

com/gcct/.
[150]Lambers L, Born K, Kosiol J, et al. Granularity of Conflicts and Dependencies in Graph Transformation Systems: A Two-dimensional Approach[J]. Journal of Logical and Algebraic Methods in Programming, 2019, 103: 105-129.
[151]廖琳, 苏涛, 陈春花. 基于1996~2020年文献计量分析的团队冲突管理研究知识图谱与热点趋势研究[J]. 管理学报, 2021, 18(1): 148-158.
[152]Posthuma R A, Walter V, Curseu P L, et al. Emotion Regulation and Conflict Transformation in Multi-team Systems[J]. International Journal of Conflict Management, 2014, 25(2): 183-197.
[153]韩志明. 信息支付与权威性行动——理解“闹决”现象的二维框架[J]. 公共管理学报, 2015, 12(2): 42-54, 155.
[154]陈建勋, 郑雪强, 王涛. “对事不对人”抑或“对人不对事”——高管团队冲突对组织探索式学习行为的影响[J]. 南开管理评论, 2016, 19(5): 91-103.
[155]陈蓥. 新质生产力赋能城市垃圾处理服务的实践探索——以上海城投环境为例[J]. 上海质量, 2024(05): 66-69.
[156]焦学军, 张桂仙, 沈咏烈, 等. 中国垃圾焚烧发电政策回顾与分析[J]. 环境卫生工程, 2020, 28(06): 57-65.
[157]李琳, 刘海东, 韩志军, 等. 我国新时代城镇化进程中环境“邻避”问题形势特征及应对对策——以南方某省为例[J]. 中国环境管理, 2023, 15(06): 7-12.

[158]刘绿汀. 地方政府应对环境污染型邻避冲突的治理之道研究[D]. 吉林财经大学, 2021.
[159]邢晓萌. 治理“邻避”[D]. 南京: 南京师范大学, 2020.
[160]杜豹. 邻避运动的产生逻辑及其治理研究[D]. 南京: 西南财经大学, 2020.
[161]基于多元协作治理模式的邻避效应破解机制研究[D]. 桂林: 桂林理工大学, 2020.

[162]毛基业. 运用结构化的数据分析方法做严谨的质性研究——中国企业管理案例与质性研究论坛(2019)综述[J]. 管理世界, 2020, 36(3): 221-227.

[163]Gilbert A L. Using multiple scenario analysis to map the competitive futurescape: A practice-based perspective [J]. Competitive Intelligence Review, 2001, 11(2): 12-19.

[164]范维澄, 刘奕, 翁文国, 等. 公共安全科技的"三角形"框架与"4+1"方法学[J]. 科技导报, 2009(6): 3.

[165]袁晓芳, 田水承, 王莉. 基于PSR与贝叶斯网络的非常规突发事件情景分析[J]. 中国安全科学学报, 2011, 21(1): 169-176.

[166]刘铁民. 重大突发事件情景规划与构建研究[J]. 中国应急管理, 2012(4): 18-23.

[167]李健行, 夏登友, 武旭鹏. 基于知识元与动态贝叶斯网络的非常规突发灾害事故情景分析[J]. 安全与环境学报, 2014, 14(4): 165-170.

[168]Fahey L. Competitor scenarios: Projecting a rival's marketplace strategy[J]. Competitive Intelligence Review, 2015, 10(2): 65-85.

[169]戎军涛, 王莉英. 基于本体的公共危机事件情景模型研究[J]. 现代情报, 2016, 36(6): 50-55.

[170]陈玉芳, 屠兢, 任冬林. 高校社会安全类突发事件情景要素识别提取[J]. 电子科技大学学报(社科版), 2017, 19(6): 56-59.

[171]巩前胜. 基于动态贝叶斯网络的突发事件情景推演模型研究[J]. 西安石油大学学报(自然科学版), 2018, 33(2): 119-126.

[172]杨峰, 姚乐野. 危险化学品事故情报资源的情景要素提取研究[J]. 情报学报, 2019, 6: 586-594.

[173]饶文利, 罗年学. 台风风暴潮情景构建与时空推演[J]. 地球信息科学学报, 2020, 22(2): 187-197.

[174]巩前胜. "情景—应对"型应急决策中情景识别关键技术研究[D]. 西安: 西安科技大学, 2018.

[175]Qing Yang, Ling He, Xingxing Liu. Bayesian-based Conflict Conversion Path Discovery for Waste Management Policy Implementation in China[J]. International Journal of Conflict Management, 2018, 29(3): 347-375.

[176]杜鹏程, 倪清. 重大疫情背景下组织免疫系统的修复思路与提升路径[J]. 学术界, 2020, 270(11): 45-54.

[177]王宁, 朱峰. 概率不确定语言熵及其多属性群决策[J]. 计算机工程与应用, 2020, 56(1): 142-149.

[178]韩二东. 概率语言术语集多准则决策方法研究进展[J]. 计算机工程与应用, 2020, 56(10): 27-35.

[179]Pang Q, Wang H, Xu Z. Probabilistic Linguistic Term Sets in Multi-attribute Group Decision Making[J]. Information Sciences, 2016, 369: 128-143.

[180]Gou X, Xu Z. Novel Basic Operational Laws for Linguistic Terms, Hesitant Fuzzy Linguistic Term Sets and Probabilistic Linguistic Term Sets[J]. Information Sciences, 2016, 372: 407-427.

[181]Xu Z, Xia M. Hesitant Fuzzy Entropy and Cross-entropy and Their use in Multi-attribute Decision-making[J]. International Journal of Intelligent Systems, 2012, 27(9): 799-822.

[182]赵萌, 沈鑫圆, 何玉锋, 等. 基于概率语言熵和交叉熵的多准则决策方法[J]. 系统工程理论与实践, 2018, 38(10): 2679-2689.

[183]Tufekci S, Wallace W A. The Emerging Area of Emergency Management and Engineering[J]. IEEE Transactions on Engineering Management, 1998, 45(2): 103-105.

[184]张昕, 周星远, 张浩然, 等. 油田注水管网布局优化混合整数非线性规划模型[J]. 油气田地面工程, 2020, 39(11): 37-43.

[185]田浩宇. 计及风能不确定性影响的新能源电网优化调度研究[D]. 北京: 华北电力大学(北京), 2017.

[186]臧文科. DNA 遗传算法的集成研究与应用[D]. 济南：山东师范大学, 2018.

[187]刘佳, 王先甲. 系统工程优化决策理论及其发展战略[J]. 系统工程理论与实践, 2020, 40(8): 1945-1960.

[188]徐殿龙, 杨青, 刘星星. 基于危机情景构建的危机转化度研究[J]. 管理世界, 2015(2): 176-177.

[189] Martin R, Sunley P. Path Dependence and Regional Economic Evolution [J]. Papers in Evolutionary Economic Geography, 2006, 6(6): 395-437.

[190]郭少青. 环境邻避的冲突原理及其超越——以双重博弈结构为分析框架[J]. 城市规划, 2019, 43(2): 109-118.

[191]王佃利, 王玉龙, 于棋. 从"邻避管控"到"邻避治理": 中国邻避问题治理路径转型[J]. 中国行政管理, 2017(5): 119-125.

[192] Joseph Schumpeter. Capitalism, socialism and democracy [M]. Beijing: the Commercial Press, 1999: 147.

[193]Garud R, Karnoe P. Path Creation as a Process of Mindful Deviation [A]. In R Guard and P Karnoe (Eds), Path Dependence and Creation [C]. Mahwah, N J & London: Lawrence Erlbaum Associates, 2001: 1-38.

[194] Ragin, C. C., Fuzzy-Eet Social Science [M]. University of Chicago Press, 2000.

[195]杜运周, 贾良定. 组态视角与定性比较分析(QCA): 管理学研究的一条新道路[J]. 管理世界, 2017(6): 155-167.

[196]谭海波. 技术管理能力、注意力分配与地方政府网站建设——一项基于 TOE 框架的组态分析[J]. 管理世界, 35(9): 81-94.

[197]赵云辉, 陶克涛, 李亚慧, 李曦辉. 中国企业对外直接投资区位选择——基于 QCA 方法的联动效应研究[J]. 中国工业经济, 2020, 392(11): 120-138.

[198]张明, 蓝海林, 陈伟宏, 等. 殊途同归不同效: 战略变革前因组态及其绩效研究[J]. 管理世界, 2020, 36(9): 168-186.

[199]唐鹏程，杨树旺. 企业社会责任投资模式研究：基于价值的判断标准[J]. 中国工业经济，2016(7)：109-126.

[200]杜运周，刘秋辰，程建青. 什么样的营商环境生态产生城市高创业活跃度？——基于制度组态的分析[J]. 管理世界，2020，36(9)：165-179.

[201]孙传明，李浩. 影响非物质文化遗产新媒体传播力的因素与提升策略——基于微信公众号的模糊集定性比较分析[J]. 湖北民族大学学报(哲学社会科学版)，2020，38(4)：121-127.

[202]Schneider C Q，Wagemann C. Set-Theoretic Methods for the Social Sciences：The Truth Table Algorithm[J]. 2012，7：178-194.

[203]张紧跟. 邻避冲突协商治理的主体、制度与文化三维困境分析[J]. 学术研究，2020(10)：54-61.

[204]谭爽. 功能论视角下邻避冲突的治理实践与框架构建——基于典型案例的经验[J]. 吉首大学学报(社会科学版)，2020，41(4)：46-54.

[205]Vayrynen，R. New Directions in Conflict Theory[M]. London Sage Publications，1991.

[206]Miall，H. Conflict Transformation：A Multi-Dimensional Task，http：//www. berghof-handbook. net/documents/publications/miall_handbook. pdf：10

[207]谭爽. "冲突转化"：超越"中国式邻避"的新路径——基于对典型案例的历时观察[J]. 中国行政管理，2019(6)：142-148.

[208]程灏，逯与浩，刘淑芳. 基于G1-熵权-独立性权的装配式建筑绿色施工评价[J]. 数学的实践与认识，2021，51(4)：75-87.

[209]程翔，孙迪，鲍新中. 经济高质量发展视角下我国省域产业结构调整评价[J]. 经济体制改革，2020(4)：122-128.

[210]佟瑞鹏，孙大力，郭子萌. 基于"隐喻"的风险事件分类模型及其转化关系[J]. 安全，2020，41(7)：8-15.

附录　扎根理论数据编码表

表 A1　垃圾邻避危机初步概念集合

案例编号	案 例 摘 录	初步概念集合
A	A1 个人不愿为政府的规划失误“买单”，政府也必须尊重和保护人们的生存权利和生活质量 A2 报告论述了六里屯垃圾填埋场污染情况严重，渗漏液的处理能力不强，对海淀区的水环境造成不良影响的情况以及周边居民对六里屯环境的不满情绪和对垃圾处理手段的恐慌心理 A3 钟民毅等几个最初的召集者却依然在坚持。他们鼓励业主们集资，制作标语横幅展板，到附近的小区去宣传，继续激起业主维权的热情 A4 从海淀区居民生活垃圾的成分上分析，居民生活垃圾热值低、湿度大，与西方发达国家垃圾相比，不适合焚烧发电 A5 多亏我们小区的一位业主认识全国政协委员周晋峰，今年全国“两会”之前，全国政协委员周晋峰专门到六里屯附近调研，并在“两会”上提交了《关于停建海淀区六里屯垃圾焚	a1 规划失误、a2 生存权利和生活质量、a3 污染、a4 处理能力、a5 水环境、a6 不满情绪、a7 恐慌心理、a8 宣传维权、a9 不适合焚烧发电、a10 全国政协委员提交提案、a11 媒体关注、a12 维权意识、a13 公民参与、a14 程序正义、a15 新媒体动员、a16 信息公开与风险规避、a17 专家利益之争、a18 表达不畅、a19 向政府施压、a20 扩大话语权、a21 经济利益补偿、a22 政府监管、a23 民主决策、a24 决策实施机制、a25 利益的复杂性

续表

案例编号	案例摘录	初步概念集合
A	烧厂的提案》。再加上全国各大媒体的关注，事情才有了进展 A6 让人看到希望的是民众维权的意识日渐增强 A7 提高公民参与与自己切身利益密切相关公共事务的热情，不仅需要更多的钟民毅，更需要逐步完善的程序正义 A8 新媒体在公众参与过程中扮演着公众参与的动员者和组织者的角色，使个体感知到的风险快速问题化、公共化，而参与者亦借助新媒体平台缔结行动的外部社会支援网络，这一网络内资源的多元化程度不仅影响着公众参与的路径选择，同时也影响着公众参与的品质 A9 政府界定风险过程中有选择的信息公开与风险规避，专家隐藏在环境风险的学术争论背后的利益之争，民众体制性表达渠道不畅或失效下的行动选择 A10 抗争运动不仅需要规模效应对政府施加压力、引起政府关注，还需要通过话语建构共识、合法性来进行资源动员，抗争规模越大、话语机会优势越明显的抗争运动，对政策影响能力越强 A11 通过制定合理的经济利益补偿标准、科学选址，做好城市规划、决策过程民主化以及强化对垃圾焚烧厂的监管，能够较好地治理邻避冲突 A12 技术理性的城市规划传统、政府集权制的规划决策模式、城市规划实施机制过度行	

续表

案例编号	案 例 摘 录	初步概念集合
A	政化、邻避设施规划涉及利益的复杂性和公众参与主体能力建设不足是公众参与困境产生的主要原因	
B	B1 附近社区的业主们在偶然获知了小区附近将要建一座垃圾焚烧厂的消息后非常恐慌，他们担心自己的健康从此会受到更大的威胁，他们对于公示期过短以及公告只贴在镇政府办事大厅中的做法非常不满 B2 周围的业主们开始在网上发帖，互相告知。王永在集市上收到了建垃圾焚烧厂的传单，在一个专门的微信群里，王永和小汤山镇附近的业主们最近开始频繁地讨论应对之策，这个群里还有环境律师和环境 NGO 人士 B3《中国新闻周刊》曾报道称，尽管政府方面没有透露具体的数字，但有消息称，此次对阿苏卫周边四个村的拆迁，费用超过 70 亿元 B4 在讨论中，他们正在形成三点共识：起诉北京市环保局和北京市政市容管理委员会；向中华人民共和国生态环境部提请行政复议；同时还要上书国家信访局 B5 反对意见主要认为，污染物排放标准设计值低；担心后续监管不到位以及环评报告中的公众参与部分有造假嫌疑，阿苏卫项目的立项没有做规划环评 焚烧厂在实际运营中，能否按照理想的技术来实现却是未知数，而且二噁英很难实现在线监测 B6"你们连垃圾填埋场都管理不好，拿什么来相信你们能管好焚烧厂？在大家意见不太一	b1 恐慌、b2 担心健康、b3 信息公示、b4 环境律师和环境 NGO 人士出谋划策、b5 拆迁费、b6 起诉、行政复议、上书、发帖及发传单、b7 污染物排放标准、b8 政府监管、b9 公众参与、b10 规划环评、b11 政府信任、b12 程序不透明、b13 公众意见得不到重视、b14 污染物监测信息、b15 城市战略规划、b16 政府价值取向、b17 行政逻辑、b18 管理与服务职能、b19 居民知识背景和学习能力、b20 设施的类型、规模、技术和工程属性、b21 设施空间位置、b22 污染物性质、范围、强度、b23 公共决策、b24 危机治理、b25 公民社会崛起、b26 维权意识、b27 网络新媒体、b28 利益链条、b29 政府政绩观、b30 上级问责、

续表

案例编号	案例摘录	初步概念集合
B	致的这种环境下，这只能降低政府的公信度” B7 政府难以保证项目立项和建成后的监管是问题的主要原因之一 B8 他们只是不满政府在推行类似关系到每个居民健康的公共项目时所采取的背后操作方式，程序不透明，公共意见得不到重视，信息被选择性公布 B9 该项目公众参与环节存在违法违规的问题，比如刚开始环评方拒绝提供环评报告简本，环评报告中没有公众的调查问卷，环评公示期间社区居民们提交的意见没有在环评报告中呈现、公众只能在项目办自行查阅，且不可拍照、复印等 B10 环保组织分别向 24 个环保厅和 103 个环保部门进行了两轮申请，仅有 14 个环保厅和 51 个环保部门提供了监测数据信息。仅获得 65 座垃圾焚烧厂的十项大气污染物监测数据，二噁英和飞灰的数据极少；北上广三城市回复很差，在二噁英数据依申请公开方面更是全部缺席 B11 我们也并没有简单反对垃圾焚烧，我们提倡的是资源化、无害化、减量化处理后的垃圾综合处理 B12 城市战略规划、公众参与、监管制度、地方政府的价值取向、行政逻辑等因素影响了政府处理邻避事件的行为选择 B13 邻避问题是一个涉及经济补偿、利益分配、社会正义、环境保护等的综合问题，政府在整个过程中都应优化社会管理与公共服	b31 维稳形势、b32 行政和司法救济、b33 乡村地域的地缘和血缘性、b34 政策需求、b35 政策执行效率、b36 垃圾综合处理

续表

案例编号	案 例 摘 录	初步概念集合
B	务职能，增强政府公信力 B14 距离垃圾焚烧厂较远但具有较强知识背景和学习能力的居民主导了整个公众参与过程 B15 设施因素(如类型、规模、技术和工程属性)、空间位置关系(主要是与东道社区的距离)和污染物属性(如污染物性质、污染范围、强度和持续性等) B16 公共决策机制固化和封闭、危机治理机制缺乏弹性等制度情境，官民信任危机、公民社会崛起、维权意识高涨、网络新媒体深度利用等社会情境，垃圾产业利益链条、拆迁补偿等经济情境因素，政府 GDP 政绩观、上级问责、维稳形势、官商利益捆绑、行政和司法救济僵化等政治法律环境，以及乡村地域的地缘和血缘性等文化情境 B17 网络结构下的各主体互动行为有助于各方了解其他相关者的政策需求，可以帮助政府更好地了解民意，从而在与公众有效地沟通互动下，提高政府的决策能力和政策的执行效率。	
C	C1 伴随焚烧垃圾产生的二噁英气体有致癌因素的传播导致周边居民恐慌，上访投诉乃至群体事件不断 C2 合同规定由于约定原因导致项目收益不足，政府提供财政补贴，但是对补贴数量没有明确定义，导致项目公司承担了收益不足的风险	c1 恐慌、c2 上访、投诉、c3 项目收益、c4 补贴数量、c5 收益不足、c6 政府不作为、c7 政府监管不力、c8 政府信任危机、c9 听证程序、c10 信息透明度、c11 风险认知度、

续表

案例编号	案例摘录	初步概念集合
C	C3 地方政府从早期的“越位”变成现在的不作为 C4 公众不满是因为以往地方政府监管不力而引发信任危机，同时项目选址也缺乏必要的听证程序，从而引发群体事件 C5 项目信息透明度包括选址信息、环保信息、运营信息 C6 风险认知度包括环境风险、健康风险、财产风险 C7 公众信任度包括对政府的信任度、对运营商信任度 C8 公众参与度包括利益相关者互动性、参与程度、沟通渠道 C9 补偿满意度包括直接补偿、间接补偿	c12 公众信任度、c13 公众参与度、c14 补偿满意度
D	D1“该建设项目环境信息公示存在严重缺陷(包括公示方式以及征求意见的对象范围)，使得相邻的河北省玉田县大庞各庄等六个村的民众无从获知和关注环保审批情况。” D2 在天津市环保局官方网站公示的该项目环评报告书全本中，并未把“人群健康”这一环境要素纳入环境影响评价范围，只字未提对周边居民身体健康的风险问题，隐瞒农田、果园和幼儿园学校等敏感目标 D3 该项目试生产期间，据周边村民反映，焚烧厂附近幼儿园、小学的多名儿童以及村民，出现红疹、红斑等皮肤不适病症 D4 六个村委会集体发表盖有村委会公章的声明，并附上全体数千名村民的签名，要求该	d1 信息公示、d2 信息获知、d3 未把“人群健康”纳入环评、d4 隐瞒敏感目标、d5 皮肤不适病症、d6 签名反对、申请行政复议、d7 调查意见造假、d8 超低垃圾处理费、d9 经济损失、d10 环保 NGO 参与的效果及限度、d11 新媒体联动、d12 意见领袖、d13 公民参与、d14 央媒支持性报道

续表

案例编号	案 例 摘 录	初步概念集合
D	垃圾焚烧发电厂停止生产 D5 针对天津市环保局的不予公开，张子臣等村民向生态环境部提出行政复议申请，再次要求天津市环保局公开 200 人被调查人员的名单 D6 环评报告称曾在周围 10 个村发放 200 份公众意见调查问卷，96.5%的被调查村民同意建设该项目。而如今，属于河北的 6 个村庄的村委会称村民们从未见过相关项目公示，并质疑该调查结果造假 D7 创下垃圾处理费价格历史新低，一度引发公众对超低价垃圾焚烧发电厂环保的担忧 D8 往年卖水果能收入几万元，今年因为果树种在垃圾焚烧发电厂附近，果子很难卖出去 D9 实际中环保 NGO 在促进公众认知调解、理性引导公众参与行为、增强政府回应能力、疏导公众集体情绪方面具有功不可没的作用。但是在信息培训、沟通对话、议题拓展、助力维权方面仍呈现出不足之处 D10 资源视角下的“新媒体联动”变量和“意见领袖”变量 D11 政治视角下的“公民参与”变量和“央媒支持性报道”变量 D12 主体视角下的“行动主体”变量和“行动策略”变量 D13 文化视角下的“框架使用”变量（出现某种符号、口号、标语或集体签名的行为）	

续表

案例编号	案例摘录	初步概念集合
E	E1 消息一经传出，激起周边数万居民的愤怒，他们除了万人签名反对“扩建”外，还纷纷向有关部门表达抗议。2008 年底至 2009 年初，江桥“扩建”又起风波，居民继续通过信访，市长信箱，上海环保局投诉，国家环保局投诉等途径向有关上级部门表达对此项目的坚决反对 E2 场外有近百名自发居民到了听证会场外声援、抗议，他们始终守护着“万人签名”横幅，还有一些人自发地打印了“拒绝二噁英，搬迁焚烧厂”“科学发展，注意民生”等标语在刺骨的寒风中高举了将近四个小时 E3 如果技改不成功，再进一步扩能，将大大加大污染物排放总量，造成更大的环境风险 E4 江桥垃圾焚烧厂厂址选择的不合法性—违反环发[2008]82 号文件的规定、江桥垃圾焚烧厂厂址选择的不合理性—存在于人口稠密区，危害极大江桥垃圾焚烧厂厂址选择的无持续发展可能性——与打造普陀真如城市副中心概念相悖 E5《环评报告》没有做到独立性、公正性和科学性，质疑上海市环科院对该项目进行环评的资格，细读整个环评报告，随处可见主观臆断、弄虚作假，模糊概念、偷换概念、以偏概全、掩盖真相的表述与结论 E6 有的代表有理有据地指出江桥垃圾厂存在超负荷运转，国家审计中发现渗滤液未经生化处理直接排入城市污水管道等违规事实，并从未主动向社会披露，缺乏诚信，缺乏企	e1 万人签名反对、信访、投诉、e2 环境风险、e3 选址、e4 环评报告、e5 垃圾厂超负荷运转、e6 渗滤液非法处理、e7 企业信息披露、e8 公众信任度、e9 癌症率上升、e10 影响企业招工、e11 减少投资并搬迁、e12 污染程度评估方法、e13 监管与处罚、e14 进口设备不适合中国垃圾、e15 设施公益属性和负外部性、e16 搬迁政策保障、e17 污染控制投入、e18 企业运营、e19 知识与信息欠缺、e20 狭隘观点、e21 情绪化评价、e22 风险规避倾向、e23 行政决策模式、e24 合法权益受损、e25 利益表达、e26 整合利益矛盾

续表

案例编号	案例摘录	初步概念集合
E	业道德，在公众中信任度差 E7 一位人大代表也是某信息学院院长在发言中指出，他们的学校距离江桥垃圾厂 2 公里，2005—2006 年在校职工癌症率上升到 2%，而且都是淋巴癌，在校生得癌症为千分之 2，以前是没有的 E8 未来岛园区企业代表提出，在这里造垃圾处理厂，影响职工健康，使他们招不到人才，部分员工听说要扩建表示要辞职，如果一定要扩建，企业将考虑减少投资并搬迁 E9 以现在的污染程度，线性的预测 10 年、20 年乃至更长久的时期内环境不会被恶化，显然是不客观的、不科学的，也是极不负责任的 E10 焚烧厂运行至今，仍没有二噁英的实际排放测定值证明其排放符合设计标准、符合国家标准，对于多年来违反国家标准的企业一直未受到政府相关部门的监管与处罚，我们感到极大的不理解 E11 尽管进口的炉排炉技术上有改进，那也只是有改善，而不是根除这些缺点。更何况进口炉焚烧的适用垃圾与中国的垃圾有很大的不同：热值不同、成分不同、水分不同。洋设备消化不了中餐。 E12 设施的整体福利性与局部负效应之间存在较大反差、大量动迁过程中的政策不合理与保障水平较低、对环境污染控制的配套投入不足、收费标准偏低造成企业可持续运营较困难等。	

续表

案例编号	案例摘录	初步概念集合
E	E13 不信任政府和项目发起人；知识与信息欠缺；对问题、风险和成本的狭隘和局部的观点；对邻避设施的情绪化评价；一般的和特别的风险规避倾向 E14 环境维权事件的潜伏源于传统行政决策模式的继承和对复杂特殊利益关系的庇护 E15 环境维权群体性事件的诱发需要一定的导火事件，而这类事件往往与公众发现自身合法权益受损或隐性利益合谋被曝光有着密切的联系 E16 网络日益成为公众利益表达、情绪发泄的空间以及群体性事件准备、酝酿和组织的主要平台 E17 公众为了维权而采取集会、游行、示威等群体性活动，使事件演化进入高潮阶段 E18 政府和企业必须在此阶段不断修补、完善和提升与社会的关系，尤其政府部门需要重新审视自身利益取向和角色定位，整合不同利益主体间的矛盾，建立良好的利益整合机制，避免危机再次爆发	
F	F1 现在我们小区的房子减 10 万元都卖不掉 F2 就在当地居民和附近大学城师生继续不断向政府部门投诉上访之时，毫无征兆的一纸公示——兴建垃圾焚烧炉让已经饱受臭味之苦的当地居民彻底爆发了 焦急的当地居民急于在十天的环境公示期内向政府表达他们的诉求。5 月 27 日，四五百名居民自发聚集在松江大学城地铁站附近，进行了第一次“散步”活动	f1 房价贬值、f2“散步”活动、投诉、上访、f3 垃圾分类效果差、f4 垃圾焚烧技术、f5 不符合垃圾焚烧处理的要求、f6 权威信息、f7 信息透明度、f8 政府信任、f9 焚烧工艺未按规划建造、f10 政府补贴、

续表

案例编号	案 例 摘 录	初步概念集合
F	F3 我不相信中国现有的垃圾焚烧技术可以做到百分之百安全，而且现在国内的垃圾分类效果做得太差了 F4 我认为要解决垃圾问题的第一步是政府先要对老百姓讲清楚问题，现在太多信息没有公开，不透明。导致老百姓不能信任政府的承诺。“对技术持怀疑态度的人占绝大多数，在目前信息混杂的情况下，来自政府的权威信息又太少。难怪大家会反对。说个玩笑话，最有公信力的做法就是把焚烧炉造在政府边上，这样谁都不会再有异议” F5 其实早在散步前一晚，他和其他 3 位不同小区的业主代表就第二天的活动和政府做了大量的沟通工作直到深夜，大家达成了一些共识 F6 如果居民们更加配合做好垃圾分类工作，那么将更加有利于从源头上减少生活垃圾量，更加符合垃圾焚烧处理的要求 F7 由于缺少了规划之初设计的焚烧工艺环节，导致处置后产生的残渣异味无法有效控制 F8“我们前期建设就耗资 2.6 亿元，建成后一年陆陆续续又投入了一个多亿元。本来我们指望从垃圾处理费中可以获取收益，但是到目前为止，我们还没有收到政府一分钱的补贴。现在每运营一天都是在烧钱” F9 环保专家和民间学者指出其实一个垃圾焚烧炉背后所反映的深层症结乃是民众对政府作为不力、信息不够公开透明的不满 F10 群众对重大环境项目有知晓权，目前很多	f11 政府作为、f12 群众知晓权、f13 风险感知、f14 恐惧心理、f15 成本-收益不均衡、f16 政府的应对、f17 公民参与、f18 谣言传播、f19 影响环境、f20 效益至上的理念、f21 决策模式、f22 环评机构行业自律、f23 民间监督机构、f24 项目合法性

续表

案例编号	案例摘录	初步概念集合
F	情况下，群众确实不清楚政府的各项信息 F11 心理因素主要是指居民担心邻避设施可能对人体健康和生命财产等造成严重的威胁，其中最重要的指标是风险感知、恐惧心理和信任缺失 F12 经济因素涵盖内容比较广，如成本-收益不均衡、邻避设施导致经济损失和要求经济补偿等 F13 政治因素主要探讨政府的应对和公民参与 F14 传播因素主要是指邻避设施选址方案确定后的信息传播情况，由于信息不对称和公共决策的不透明，谣言就会产生 F15 社区民众层面：有害自己及家人的身体健康、影响房价、嗅觉污染、技术手段的不信任、影响松江的整体环境 F16 政府层面：效益至上的工作理念、自上而下的决策模式、流于形式的信息公开、日趋恶化的信任危机 F17 社会第三方层面：社会中介机构缺乏行业自律，环评报告往往流于形式、社会监督缺位，缺乏独立的民间监督机构 F18 提高邻避设施项目合法性和信息透明度能有效地降低邻避冲突的强度	
G	G1 自发签名反对该焚烧项目者达 1500 多人，并有邻近 37 个村委会共同盖章，齐声反对 G2 2009 年，村民从知道要建垃圾焚烧厂的第二天开始写上访材料 G3 由于环保部于 2010 年底已做出维持原批复	g1 签名反对、写上访材料、行政复议、行政诉讼、g2 政策规避、g3 专家论证、g4 部门推卸责任、g5 公众参与、g6 技

续表

案例编号	案 例 摘 录	初步概念集合
G	的决定，目前案件已从行政复议进入行政诉讼。将垃圾焚烧厂所征土地列为“园地”，在律师夏军看来，“这是有意规避基本农田保护政策，降低用地审批的操作难度” G4 秦皇岛环保局相关人士低调表示“这事不归环保局管” G5 参与环境评估的某专家认为，“只要按照操作程序办，就不会产生污染。”同时，“生态环境部可直接监控焚烧厂的操作规程，不会有问题” G6 河北省环保厅认为该项目“采取了公示、发布调查表、组织考察等多种方式开展了公众参与”。村民则认为，这三种公众参与方式“纯属捏造” G7 记者所接触的上百潘官营村民中却无一人见过公告。潘官营作为距离垃圾焚烧厂最近的村子，也无一人见过调查表 G8 中国环境科学研究院研究员赵章元认为从评价方法到环评依据，从公众参与对焚烧厂利弊的技术论证，该环评报告在这些方面都存在严重造假 G9 现有的数座垃圾焚烧炉，大多数处于非正常运行状态或停顿状态。有的由于垃圾热值不高，成本昂贵，索性不点火，把进场的垃圾照常称重后，即可去领取政府补贴，然后再动动脑筋，设法把这些垃圾悄悄地送到填埋场直接完事 G10 中国科学院大连化学物理研究所陈吉平研究员带领研究团队历时一年，对中国 19 个	术论证造假、g7 垃圾焚烧厂非正常运营、g8 套取政府补贴、g9 二噁英排放量超标、g10 癌症患者、g11 沟通不畅、g12 信息不对称、g13 错估损失

续表

案例编号	案例摘录	初步概念集合
G	市政生活垃圾焚烧炉的二噁英排放进行检测和分析后发现，这些企业的二英的排放量平均值为 0.423ng-TEQ/m3，远高于欧盟标准(0.1ng-TEQ/m3) G11 潘官营村民潘志中告诉记者，两年来，仅自己家附近的 20 多户中，癌症患者已发现 11 人。G12 邻避"冲突中普遍缺乏的是居民与建造者信息沟通，验证了模型中核心的部分，即沟通不畅导致信息不对称，以至于人们在博弈中对损失作出错估，从而居民采取强硬的反抗策略，造成"邻避"冲突	
H	H1 住建部法规司相关人员应部分南京江北市民要求，来到浦口进行实地调研，并于 9 月就这一项目选址建设问题与向住建部申请行政复议的市民代表进行了座谈 H2 其后，几名市民正式向当地法院提起行政诉讼，被告是江苏省环保厅 H3 居民代表认为这一项目"违反国家法律法规、违背城市总体规划、充满环境安全风险，损害居民的环境权和身体健康" H4 一位参加了这次听证会的市民称，会议上出现了持反对意见的听证代表在发言时被多次打断、并被要求终止发言等一些很难令他们对环评报告信服的事件。 H5 邻避冲突产生的直接原因：对潜在危害的现实恐惧、邻避情节的不公正感、公共决策过程的封闭性、政治民主化、公民自主性的增强、利益表达渠道的阻塞、体制内部监管缺失	h1 政府座谈、h2 行政复议、行政诉讼、h3 违反法律法规、h4 城市总体规划、h5 环境安全风险、h6 环境权和身体健康、h7 环评报告、h8 恐惧、h9 不公正感、h10 封闭决策、h11 政治民主化、h12 公民自主性、h13 利益表达受阻、h14 监管缺失、h15 收益分布失衡、h16 管理手段、h17 公民意识、h18 公众参与、h19 企业利益、h20 专家立场、h21 媒体社会责任感

续表

案例编号	案 例 摘 录	初步概念集合
H	H6 邻避冲突产生的本质原因：收益分布失衡导致了邻避冲突的发生 H7 政府层面：传统决策方式和管理手段不合理 H8 公民层面：公民意识与政治参与能力不匹配 H9 企业层面：利益驱使下的经济利益最大化 H10 专家层面：立场独立性不足 H11 媒体层面：社会责任感缺失	
I	I1 谁来保证企业生产过程中严格执行环保标准？ I2 关于垃圾焚烧厂种种安全和环保危害的揣测一直在蔓延。更多的传言开始在各大网络论坛上传播开来。“我们不要癌症，还我健康”的呼声在网上此起彼伏 在垃圾发电厂没被叫停前，确实遭遇到了少人买房甚至是规模性退房的情况 I3 在猜疑逐步积累的过程中，当地政府并没有正式的回应 I4 事情的转折发生在中央电视台《经济半小时》的一期节目。这期节目讲述了垃圾焚烧之害，指出了二噁英的巨大危害。在节目里，美国的专家也发表了反对垃圾焚烧的意见。“中央电视台总是权威，专家也是权威的，他们都说没法控制，我们相信。” I5 有关部门拼命解释项目没有污染，但老百姓就是不相信，建议保持环评的中立性和权威性，甚至可以让老百姓自己找环评机构，国际机构也可以	i1 企业能否执行环保标准、i2 舆论蔓延、i3 买房人变少甚至规模性退房、i4 政府回应、i5 相信中央电视台及权威专家观点、i6 环评的中立性和权威性、i7 合理的补偿、i8 实施垃圾分类、i9 实现垃圾资源化、i10 风险感知、i11 怀疑技术安全、i12 政府封闭决策、i13 群体认同、i14 政府强调公共利益、i15 技术安全论证、i16 项目规划和建设合法性、i17 认知分歧和利益对立、i18 社会分配不公、i19 利益诉求、i20 法治观念较淡薄、i21 政府公信力、i22 运营商信任、

续表

案例编号	案例摘录	初步概念集合
I	I6 垃圾焚烧发电厂一建，你要说对房价等没有影响，那是不可能的，所以必须要考虑公众资产受损情况，给予合理补偿才行 I7 但并不是把所有垃圾都拿去燃烧，必须对垃圾进行分类 I8 最有效的途径就是把垃圾资源化 I9 对风险的感知和对技术安全的怀疑，对政府封闭决策的反感——政治权益受损，群体认同产生——“冲突”最终导致群体性事件 I10 政府强调公共利益，政府对项目技术安全的论证，项目规划和建设“依法行政”，认知分歧和利益对立——导致难以调和的冲突 I11 社会分配不公现象严重、利益诉求机制不畅、部分群众法治观念较淡薄，从众心理引发危机事件 I12 政府、公众、投资运营商三个层面在利益、心理、地位的动态均衡，需要做到政府公信力较强、提升最高环保标准、选择具示范效应的运营商、提高垃圾处理补贴、高度重视和满足征地拆迁的要求、加强第三方监管、信息公开透明等	i23 垃圾处理补贴、i24 第三方监管、i25 信息公开
J	J1 少数村民封堵了锡东垃圾焚烧发电厂大门，原计划于这个月完成调试的项目被迫停止建设 J2 谣言、恐慌、敷衍，加之在此之前，地方政府在锡东垃圾焚烧发电厂旁边建设污泥处理厂以及其他设施等多个计划，都使得村民	j1 封堵、j2 恐慌不满、j3 经济利益诉求、j4 谣言误导、j5 部门推脱责任、j6 解释不到位、j7 公众风险建构、j8 利益受损、j9 风险沟通、j10 公共决策垄

续表

案例编号	案 例 摘 录	初步概念集合
J	的不满情绪越积越大。主体村民的经济利益诉求、相关利益者别有用心的推波助澜等各项因素相互交织，与政府和建设单位激烈博弈。完工90%的锡东垃圾焚烧发电厂项目，功亏一篑 J3 其一，老百姓最初质疑后，当地各级政府部门或推脱责任，或置之不理，处理方式方法存在错误；其二，在事件发展中期，政府的解释工作没有做到位；其三，个别“专家”、媒体和社会组织，为了吸引眼球，夸大事实，起了误导作用 J4 邻避冲突的前提是公众的风险建构，直接原因是利益受损和沟通不畅，而深层次的原因则在于公共决策的垄断。公众对政府、企业和专家的低信任是加剧邻避冲突的重要因素 J5 利益相关者间的不对称博弈、地方政府凝闭型决策、风险情境下的社会信任流失； J6 公民自我利益诉求表达受阻、集体抗争倒逼地方政府妥协、相关应对机制建设亟待完善 J7 政府事前信息不透明、公众的邻避情结、高度化动员与舆论发酵、政府回应力不足与监管不力、设施运营商的不当反应 J8 利益补偿机制不合理、风险沟通机制不完善、政府管理理念偏差、公民参与渠道不畅通	断、j11 公众信任、j12 利益博弈、j13 凝闭型决策、j14 诉求表达受阻、j15 应对机制、j16 信息透明度、j17 邻避情结、j18 舆论发酵、j19 政府回应、j20 政府监管、j21 运营商反应、j22 利益补偿、j23 管理理念、j24 公民参与

续表

案例编号	案例摘录	初步概念集合
K	K1 大多数人对于垃圾焚烧厂有着莫名的恐惧和抵触，他们担心污染，担心致癌物、担心臭气熏天、担心房价下跌…… K2 数千民众涌向拟建地，一度封堵了 02 省道和杭徽高速公路。其间，甚至发生了打砸车辆，围攻殴打执法管理人员的事件，警民双方均有人员受伤 K3 政府层面：缺乏有效的信息公开、缺乏公众参与和利益表达渠道、未建立完善的网络舆情预警和监管机制、面对冲突错误地使用了回避策略、应对冲突过程中滥用行政手段、忽视了对各阶段传播议题、传播主体诉求的回应 K4 媒体层面：相对缺位、失声的状态 K5 公众层面：公民权利意识的觉醒、公众传播谣言导致网络舆论愈发不受控制 K6 公众维度包括“维权意识”和“风险认知度”；企业维度包括“企业声誉”和“焚烧技术水平”；政府部门包括“补偿力度”和“程序公正” K7 市民、专家、政府都缺乏公共理性，项目利益的极大不均衡、政策制定模式待完善、对技术风险的认知不一致 K8 公众的风险感知、公共利益与特定群体的利益博弈、政府的封闭式决策、政府公信力的缺失 K9 结合九峰垃圾焚烧厂事件的具体实际，确定利益感知、信任感知、公众参与、风险感知作为影响公众对垃圾焚烧厂接受态度的因素	k1 恐惧和抵触心理、k2 污染、致癌物、臭气熏天、k3 房价下跌、k4 围堵、打砸车辆、k5 信息公开、k6 公众参与、k7 利益表达、k8 网络舆情预警和监管、k9 回避策略、k10 滥用行政手段、k11 诉求回应、k12 媒体缺位、失声、k13 公民权利意识、k14 谣言传播、k15 维权意识、k16 风险感知、k17 企业声誉、k18 焚烧技术水平、k19 补偿力度、k20 程序公正、k21 公共理性、k22 利益感知、k23 政府决策、k24 技术风险认知差异、k25 信任感知

续表

案例编号	案 例 摘 录	初步概念集合
L	L1 数百名群众非法集聚、封堵道路等，造成交通中断“@海盐发布”在“黄金4小时”内主动回应舆情 L2 21日晚，出现冲击海盐县经济开发区管委会大楼，打砸公共财物，扰乱公共秩序，造成执勤民警和围观群众受伤 L3 积极回应民众关切，最大限度消弭网络杂音。“海盐发布”第一时间自主发声，向广大民众进行科普，引导理性讨论，体现了政府对民意的尊重 L4 尽管“海盐发布”在双微平台都第一时间发声引导舆论，但谣言还是在悄然滋生，自媒体平台如朋友圈、微博都在刷屏海盐民众为表达诉求却被警察暴力驱赶的图片 L5“海盐发布”在微博、微信平台分别发出辟谣帖，呼吁网友不造谣，不信谣，不传谣，理性表达，贴出真实对比图片，向公众揭明部分网友在造谣生事、恶意嫁接，希望遏制谣言的蓄意传播 L6 缺乏常态化的信息沟通渠道和协商机制，互联网和信息技术的迅速发展与普及，为民众提供了相对自由、开放和风险小的虚拟空间，同时也提高了信息的传播速度，扩大了民众的参与范围 L7 决策信息不公开，公众难以参与，邻避设施的负外部性难以内部化 L8 影响政府回应策略的因素组合中，抗争类型、媒体曝光是影响政府回应策略选择的必要条件，而抗争规模、组织偏好、组织注意力、政治活动事件和博弈力量则为充分条件	l1 非法聚集、打砸公共财物、封堵道路；l2 谣言传播、l3 舆情回应、l4 政府官网科普、l5 发帖辟谣、l6 引导理性讨论、l7 造谣生事、恶意嫁接、l8 信息沟通渠道、l9 协商机制、l10 信息传播便利性、l11 公众参与、l12 邻避设施负外部性、l13 抗争类型、l14 媒体曝光、l15 抗争规模、l16 决策偏好、l17 政策考核机制、l18 维稳任务、l19 博弈力量

续表

案例编号	案例摘录	初步概念集合
M	M1 村民认为选址不妥，先后于5月28日、6月1日两次到县里陈述民意，恳请领导重新审视选址问题，但未获答复 M2 有村民拉条幅表达心声时，民警上前抢夺村民手中的条幅，双方发生争执。当时有3名村民被拖到警车上扣押，其他村民见状上前劝解，也与民警发生冲突 M3 现场一度混乱，有村民受伤 M4 舒城海创环保科技有限责任公司的注册时间是2018年2月11日，无历史成功经营案例 M5 政府部门宣传其已经达到欧美处理技术水平，但村民认为项目理论性的可行性报告数据并不能代表什么 M6 此处离居住人群太近，且在国家永久基本农田保护区范围之内，更有非物质文化保护君王古墓群。为此，舒城县春秋塘周边百姓代表实名签字，恳请领导倾听民声，尊重民意，科学决策，重新审视选址问题，以解群众后顾之忧 M7 社会转型期各种矛盾积聚发酵 M8 现在居民开始关注户外环境，忧惧邻避设施的负外部性、风险的不确定性 M9 互联网特别是微博、微信等自媒体已成为社会舆论的集散地和放大器，为邻避冲突群体性事件的传播、组织、策划、煽动、串联提供了快捷高效的平台 M10 项目风险分配不公与公众参与不足是引发居民抗争的二维动因。周边居民要承担项目运行的各种风险，而参与不足致使其利益表达受阻，无奈之下，居民借助抗争表达诉求	m1 陈述民意、实名签字、拉条幅表达心声、m2 企业经营、m3 项目可行性、m4 离居住人群太近、m5 在保护区范围之内、m6 有非物质文化、m7 社会积聚发酵、m8 邻避设施负外部性、m9 风险不确定性、m10 社会舆论传播、m11 风险分配不公、m12 公众参与、m13 利益表达受阻

续表

案例编号	案例摘录	初步概念集合
N	N1 5月1日、2日安徽安庆市太湖县新仓镇众多居民来到县城，聚集在县政府前抗议垃圾焚烧发电厂。据当地居民刘先生说，此前，他们已经连续上访近半个月 N2 皖能电力注册资本200万与招标公告中所要求的“项目公司注册资本金不少于人民币1.2亿元”相差甚远 N3 招标公告中要求企业正常运营一年及以上，然而皖能电力到目前为止只成立了不到半年 N4 皖能电力15元/吨重新刷新了国内垃圾焚烧行业的低价底线 N5 垃圾焚烧发电厂离最近的居住区只有330米，大部分都不到1千米，当地居民担心垃圾焚烧发电厂离居住区太近会影响身体健康 N6 太湖县人民政府承诺“两个不开工”：该项目未取得居民充分理解支持坚决不开工，未全部履行项目建设必需的法定程序坚决不开工，最大限度地保障居民的知情权、参与权和监督权 N7 垃圾焚烧发电项目出现“邻避效应”的原因之一，往往是信息不对称。一些群众认为垃圾焚烧发电项目有污染、有危害，就会产生拒绝心理。也不排除其他原因，如征地拆迁补偿不到位，或征地拆迁价格、安置群众不满意等，群众会以此为借口，拒绝垃圾焚烧发电项目上马 N8 政府在邻避设施决策时采用封闭式决策，缺乏民主性，损害了民众的知情权和参与权，	n1 聚集、上访、n2 企业资质、n3 超低垃圾处理费、n4 离最近的居住区只有330米、n5 影响身体健康、n6 保障知情权、参与权、监督权、n7 信息不对称、n8 拒绝心理、n9 拆迁补偿、n10 封闭式决策、n11 上级政府态度、n12 核心领导动员、n13 部门联动、n14 民间政策活动家斡旋、n15 群众抗议程度、n16 社会组织干预、n17 媒体舆论施压

续表

案例编号	案例摘录	初步概念集合
N	一遇到民众大规模抗争政府便通过制度回应，宣布政策废止这也是多数邻避冲突治理最后的结果。 N9 内部控制视角下的条件变量设定：上级政府态度、核心领导动员、部门之间联动、民间政策活动家斡旋、群众抗议程度、社会组织干预、媒体舆论施压	
O	O1 目前该项目选址所在地尚未完成土地征迁工作，也未办理环评手续 O2 村里曾召开小组会议，大部分村民都不同意田地征迁用于建设垃圾焚烧发电项目，村民并没有收到补偿款，当地也还没有完成土地征迁手续 O3 出于对项目程序违规和潜在污染威胁的疑虑，当地村民已连续多日来到项目现场抗议、阻止施工 O4 目前项目尚未启动招投标工作，光大国际官方也并没有披露与项目相关的签约信息 O5 由于生活垃圾处理设施的负外部环境效应，在"邻避"冲突中，环境利益补偿成为周边公众最重要的诉求之一 O6 公众常常是主观构建自己对邻避设施风险的认识，因为在邻避设施选址决策过程中，常常呈现出公民参与缺失的状态 O7 邻避冲突风险放大的同时也反映了政府信任的流失 O8 在邻避冲突风险放大的第三阶段中，政府治理手段常常呈现出僵硬呆板的状态	o1 土地征迁、o2 环评手续、o3 补偿、o4 程序违规、o5 担心污染威胁、o6 现场抗议、阻止施工、o7 企业信息披露、o8 设施负外部效应、o9 风险认知、o10 公民参与、o11 政府信任、o12 治理手段僵硬

续表

案例编号	案例摘录	初步概念集合
P	P1 整日伴随恶臭和有毒烟尘，买的房子住又不敢住，卖也卖不掉，眼看盘龙城其他区域的楼盘价格直线上涨，而垃圾电厂周边的小区无人问津，许多投资客将资金砸在了汉口北 P2 他们多次投诉和呼吁，但由于势单力薄，这种呼吁淹没在网络和人群之中。为了能够阻止垃圾电厂的建设，一些志愿者们加入了广东省番禺抵制垃圾发电厂的 QQ 群，向这些居民们学习“成功案例”。广东番禺居民的经验让志愿者们看到了希望。为此他们发起了“守护蓝天，拒绝二噁因”的环保公益主题宣传活动 P3 这里面有许多志愿者选择了投诉，还有的选择了到电厂门前示威抗议 P4 2009 年“3·15”消费者权益日这天，盘龙城多个楼盘的业主前往武汉市展览馆，在当天举行的一场环保展览上，打出横幅，要求集体退房 P5 他们抗议的新闻和照片被《香港大公报》报道。然而，这篇报道并没有引起政府的反思，停下建设的脚步。反而加大了对舆论的控制和对抗议群众的打压 P6 盘龙城多名业主向环保部提出行政复议后，环保部给出的答复是：应该找武汉市规划局行政复议，他们改变了规划	p1 恶臭和有毒烟尘、p2 投诉、呼吁、环保宣传、示威抗议、行政复议、p3 学习番禺案例、p4 楼盘无人问津、要求集体退房、p5 控制舆论、p6 部门相互推诿、p7 当地媒体集体失声、p8 未分类垃圾的安全性、p9 违规生产、非法排放致癌物、p10 环保处罚、p11 质疑专家误导民众、p12 论证不深入、p13 规划不科学、p14 行政决策、p15 邻避设施距离、p16 风险感知、p17 公众信任、p18 公众参与、p19 技术风险、p20 运营与维护风险、p21 民意风险、p22 收益及成本变化风险

续表

案例编号	案 例 摘 录	初步概念集合
P	P7 居民们四处投诉，他们告到区里，区里说不是本级定的项目，他们告到市里，市里说是省里审批过的，他们告到省里，省里责成市，市责成区来解决。他们去找环保部门，环保部门说是规划的问题，找到规划部门又说这事去找城管部门，城管部门说不归我管，去找环保和规划部门 P8 他多次联系湖北的新闻媒体，写了大量的材料投书报社、电视台，电话也打了无数次，就在他苦等回音时。让他愤怒的是武汉所有媒体不但集体失声，而且一边倒地为武汉垃圾焚烧发电项目唱赞歌 P9 大家提出最大的质疑是："发达国家的垃圾进行了严格分类，将可燃烧的垃圾进行发电，而中国是没有分类的生活垃圾进行燃烧，产生的致癌物会更多，难以保证安全" P10 2013 年 12 月 17 日中央电视台经济频道《经济半小时》和 18 日新闻频道《东方时空》，连续两天都以专题新闻的方式，对武汉 5 个垃圾焚烧厂违规生产、非法排放致癌物，导致人民生命财产重大损失的事件进行了曝光 P11 央视在曝光的专题节目中公开痛斥：武汉各级环保部门是相互推诿，环保处罚决定竟然无人执行 P12 然而吴山平的文章遭到了广大网民和居民的强烈抨击，有的网友说："这位专家只看利好的一面，却只字不提其中的危害，这是在误导民众"。还有的网友愤怒地说："把垃	

续表

案例编号	案例摘录	初步概念集合
P	圾发电厂建设到专家门口去，他还会这样说不?” P13 汉口北垃圾焚烧发电厂项目获批时，周边都是工业用地，离居民区较远。“没想到，等3年后开始建设时，厂址周边已经楼盘林立了！ P14 我们反对的是论证不深入，规划不科学，将垃圾焚烧发电厂建设在居民区，侵犯我们的利益，危害我们的生命 P15 在明显存在规划打架，缺乏前瞻性的情况下，继续在汉口北建设垃圾发电厂就是一种极不负责的行为 P16“垃圾围城”的困局亟待破解，时间紧迫，决策者急于上马垃圾焚烧项目，相关职能部门又不愿意另起炉灶，多花时间重新规划，就只能将错就错，种下苦果 相关职能部门应该根据城市规划的变更，灵活调整垃圾发电厂的规划，为民生让路，而不是一根筋走到底，做一锤子买卖 P17 盘龙城垃圾焚烧发电厂是经过中华人民共和国生态环境部审批的项目，必须得抓紧时间建设，破解“垃圾围城”的困局，时间不等人 P18 影响居民对垃圾焚烧发电厂环境风险接受度的主要因素是距离、风险感知、信任和公众参与 P19 政府决策风险；技术风险；运营与维护风险；环境风险；民意风险；收益及成本变化风险	

续表

案例编号	案例摘录	初步概念集合
Q	Q1 搬家逃离污染、很多孩子出现不同程度的呼吸道疾病及过敏性皮肤病、小区幼儿患病具有很大的相似性，多为咳喘等病症，医生对病因的解释都提到了与周围环境污染有关，建议搬离。而离开小区到其他地方居住后，咳喘等症状不治自愈 Q2 与其他环境污染案件一样，摆在刘凤霞等受害者面前的维权途径不外乎三条：向污染产生者直接索赔、行政调解和诉讼维权 Q3 2013 年底，央视还报道了与昌南花园一墙之隔的芳草苑小区居民统计的“死亡名单”，称当年这个小区内先后有 8 位居民因患肺癌、肝癌、淋巴癌等癌症去世 Q4 他们曾向武汉市中级人民法院、汉阳区人民法院、江汉区人民法院、江岸区人民法院、洪山区人民法院 5 个法院，分别对湖北省环保厅、武汉市环保局、武汉市人民政府等 4 个部门提起 23 个行政诉讼，178 项民事诉讼，但其中只有两项获得了立案 Q5 受旁边垃圾厂影响，小区里的外卖房子挂上网一年都无人问津 Q6 2013 年 10 月 12 日，中华人民共和国生态环境部公开通报了全国 72 家污染企业名单，武汉博瑞能源环保有限公司也就是锅顶山垃圾焚烧厂名列其中。而在此之前，2013 年 7 月，湖北省环保厅环境违法监察通报显示，锅顶山垃圾焚烧存在：未经环评验收擅自生产；治污设施未落实；擅自处置垃圾滤液；防护距离内居民未搬迁等严重违法问题	q1 呼吸道疾病、皮肤病、癌症、q2 索赔、行政调解和诉讼维权、q3 诉讼立案难、q4 房子无人问津、q5 擅自生产、q6 治污设施未落实、q7 擅自处置垃圾滤液、q8 防护距离内居民未搬迁、q9 运营方上黑名单、q10 搬迁费、q11 政府暗中角力、q12 民众的学识及经济基础、q13 地方规划紊乱、q14 监管缺失、q15 政府信任、q16 公众参与、q17 风险感知、q18 技术支持欠缺、q19 配套政策、q20 绩效评价、q21 企业不合理运营、q22 部门相互推诿、q23 居民多种形式维权、q24 利益博弈

续表

案例编号	案 例 摘 录	初步概念集合
Q	Q7 武汉市政府拨付给汉阳区政府的拆迁费，都已经通过转移支付的方式给了汉阳区政府，就是推动周边综合配套改造拆迁这一块。去年我记得是 16 个亿，这一块已经给了汉阳区了 Q8 锅顶山所在的汉阳区官员也在暗中与市政府角力。先是人大代表在 2010 年武汉市“两会”上的联名议案反对，后有区环保局对项目调研后发布的担忧报告 Q9 通过这些采访所见的场景细节，至少我可以判断，政府遇到了“难缠”的角色，因为他们明理。钱，很难对市民老岳等至少一部分人群产生足够的诱惑。更特别的，是这些受污染的“苦主”善于利用法律与规制去表达诉求 Q10 病症根源为地方规划的紊乱及失策，环评问题是表象，没通过环保验收、便投入运行的违法之事实 Q11 环保验收未通过，一方面源于环保设施不达标，另一方面源于防护距离内居民没搬迁；环保部门监管缺失，也正是因为连环保验收都没通过，如何正确监管也不易抉择 Q12 众多研究学者都认为政府信任、公众参与、风险感知、项目补偿这四类因素对于公众接受邻避项目决策具有显著影响 Q13 政策转移前景预评估不足、技术支持欠缺、配套政策实施不到位、政策转移过程中监管不力、政策转移绩效评价欠缺 Q14 企业为了自身利益即使存在不合理的运	

续表

案例编号	案 例 摘 录	初步概念集合
Q	营，仍然无视飞灰给居民健康和居民居住环境带来的威胁，照常营业 Q15 政府相关部门和工作人员担心自身利益和政绩受损，互相之间踢皮球，对居民合理合法的诉求不作为；当地小区居民为了自身权益采取多种形式维护：上访、找新闻媒体以及最终的游行等 Q16 各利益主体之间为了自身利益，寸步不让而导致冲突。	
R	R1 新京报刊发评论《仙桃停建垃圾焚烧厂邻避主义的胜利?》认为：一个已开工建设两年多的项目，在今年即将竣工时，遭遇群体抵制，原因还在于地方政府缺乏沟通意识，没有解除民众疑问和忧虑 R2 @东方网刊发评论《垃圾厂"遭抗议"停建的教训》认为，要破解"垃圾焚烧"难题需要充分的科普、严格的监管、过硬的标准作为支撑 R3 担心污染环境，影响生活质量；要重新选址，重新公示；政府应有适当的补偿机制，且对垃圾焚烧厂后续监管运营，公开承诺保证 R4 天然的偏见直接导致公共舆论对"垃圾焚烧"充满抵触与反感 R5 项目周边房产开发商，因担心房价下跌，利益受阻，不惜借煽动群体事件之力，来对地方政府施压，期望项目"夭折"，保全其商业利益	r1 政府沟通意识、r2 民众疑问和忧虑、r3 严格监管、r4 技术标准、r5 担心污染环境、影响生活质量、r6 补偿机制、r7 天然偏见、抵触与反感、r8 煽动群众、r9 信息不透明、r10 科普、r11 公众参与制度、r12 参与主体单一、r13 参与程度不高、r14 参与形式单调、r15 官方舆情发布与监管、r16 政府信息公开、r17 事后评估、r18 政府信任危机、r19 环保行动合法性、r20 媒体作为不当、r21 环保组织的支持

续表

案例编号	案 例 摘 录	初步概念集合
R	R6 仙桃市委、市政府认识到，项目信息不透明、与群众沟通不充分、科普不到位，是导致事件发生的重要原因。用公开求得公信、用对话取代对立、用尊重民意避免漠视舆论，是打开群众“心结”的关键 R7 书记市长挂帅，全市万余名干部群众参与，一场声势浩大的释疑解惑、宣传教育活动在仙桃城乡展开 R8 公众参与制度不健全、参与主体单一、参与程度不高、参与形式单调从而制约了主体间的有效沟通 R9 官方新媒体部分功能失效、官方舆情发布与监管两大责任主体间协作不畅、政府对群体性事件的动态化信息公布完全不彻底、政府信息公开相对滞后、忽视事后追究与评估工作以及公民对政府存在信任危机等 R10 现实性政治机会包括“生态文明战略安排为环保行动提供合法性”“政府信息公开不透明诱发大众真相假设”；补给性政治机会包括“媒体作为不当或不作为使特定主体丧失话语领导权”“环保行动组织的支持”	
S	S1 民众持续抗议在当地修建垃圾焚烧厂，继6月28日万人上街后，7月2日、3日又连续爆发上万人的大规模抗议活动，警方暴力清场 S2 但邻避效应又是世界性的，它有人们经济和健康关切的深刻原因。 S3 要建垃圾焚烧厂，就一定要把事情摊开来，	s1 上街游行、s2 经济健康风险、s3 信息公开、s4 技术安全性、s5 补偿措施、s6 垃圾处理科学化、合理化、法治化、s7 沟通、s8 意见征求、s9 科学论证、s10 及时跟进

续表

案例编号	案例摘录	初步概念集合
S	在它的安全性和补偿措施上做足文章，形成真正的官民共识。 S4 解决邻避效应最根本的是将垃圾处理进一步科学化、合理化、法治化 S5 规划、批准、兴建存在环境风险的项目时，因信息沟通不畅、未广泛征求社会意见、未充分进行科学论证、未及时跟进等原因，造成环境群体性事件多发	
T	T1 此条微博以极快速度传播，尽管最后迫于压力被删除，但迅速引起了湘潭市环保人士，位于湘潭九华的湖南科技大学、湘潭大学师生以及附近居民、企业的极大关注 T2 经过几个月的舆论发酵，有人指出该项目属于未批先建，并以此申请政府信息公开，还有人在湘潭环保局网站公开质疑项目的合法性 T3 迫于工期压力，项目不得不边建设、边审批 T4 湘潭市政府发布《关于网民关注我市生活垃圾焚烧发电项目(固体废弃物处置中心)的情况通报》，表示公示期满后将组织专家论证会、公众听证会和现场公示，市政府会在充分听取各方面意见后依法决策，职能部门将严格依法依规依程序把好项目审查关，不具备开工建设法定条件决不允许投资建设方开工。《通报》还指出，该项目投资建设方系擅自违规开工建设 T5 在湘潭规划局的组织下，举办了针对该项目选址规划的市民听证会	t1 微博快速传播、t2 舆论发酵、t3 舆论压力、t4 环保人士、大学师生、居民及企业的关注、t5 未批先建、t6 政府信息公开、t7 项目合法性、t8 专家论证会、公众听证会和现场公示、t9 依法决策、t10 严格审查、t11 政绩考量、t12 相关部门不作为、t13 公民利己主义、t14 健康和生命财产安全、t15 担心环境遭到破坏、t16 房价下跌造成经济损失、t17 不信任环境评估报告、t18 政府决策公正性、t19 公众参与、t20 沟通渠道、t21 表达诉求途径、t22 媒体导向功能、t23 居民认知、t24 规划实施机制、t25 利益方复杂

续表

案例编号	案例摘录	初步概念集合
T	T6 湘潭市政府对于环境的重视程度远远低于对经济发展的热情程度、对政绩的偏爱程度。对于项目可能引发的水、土、空气污染视而不见，相关部门的不作为也加重了公民的反感和厌恶情绪 T7 公民出于利己主义的考量，认为项目会对健康和生命财产安全产生影响，担心环境遭到破坏、房价下跌造成经济损失 T8 对政府的不信任也是造成反对的一个因素，不相信政府部门出具的环境评估报告，质疑政府决策的公正性 T9 一部分原因还在于群众的政策参与能力与参与热情较低，参与权利不被重视，也没有该有的奉献精神和积极参与的主人翁意识 T10 同时，群众沟通渠道的单一，表达诉求的途径较少，媒体的导向功能也没有起到该有的作用，导致群众力量的薄弱和采取方式的笨拙 T11 居民对邻避设施必要性的认知、对邻避风险的感知、对政府运作的认知以及居民认知独立性对周边居民是否参与邻避抗议活动有显著影响 T12 邻避设施规划实施机制过于行政化、邻避设施规划涉及利益方的复杂性及公众参与主体缺乏实践操作指导	
U	U1 番禺将兴建垃圾焚烧厂的消息一传出，周边楼盘的业主都显得惶恐不安。这直接打击了买家投资该区楼市的信心，随之而来的是近期番禺楼市成交量也减少了 2~3 成	u1 惶恐不安、u2 楼市成交量减少、u3 拉横幅、征集签名、反对意见书、投诉信访、业主论坛呼吁、

续表

案例编号	案例摘录	初步概念集合
U	U2 据悉海龙湾业主们几天前在小区聚集拉横幅反对建垃圾焚烧发电厂。海龙湾业主代表说，他们要把征集的签名和反对意见书交给广州市环卫局 U3 祈福新村、华南碧桂园等多个业主论坛上，均有业主呼吁邻居们团结起来抵制这一项目，并获得广泛响应 U4 向有关部门投诉信访，在小区广场签反对意见书等等，他们反对的主要原因是担心焚烧垃圾过程中会产生有毒物质——二噁英 U5 这个问题的真正关键还不在于说是多数人支持，或者多数人反对，而是公众对政府决策信任度的问题 U6 你怎么让公众信任呢？透明的机制、民意的获取、第三方客观的评价，最后一步，然后约束力，使它真像人们承诺的地方，真的不给健康带来危害，这是一个很长的过程 U7 我们现在不相信那些专家，那些专家说的话，我们没有看到真正的事实 U8 老百姓在反映自己诉求的时候，已经把自己变成了环境专家，他们通过自己学习等，了解了很多的事情 U9 番禺区市政园林局表示，将启动调查问卷程序征集意见 U10 有关领导明确表示，将依法推进垃圾焚烧项目建设。“项目环评不通过，绝不开工，绝大多数全国反应强烈，也绝不开工。”这是广州市番禺区区长在创建番禺垃圾处理文明区座谈会上的新表态	u4 政府决策信任度、u5 透明的机制、u6 民意的获取、u7 第三方客观的评价、u8 政府约束力、u9 不相信专家、u10 民众自我学习、u11 启动调查问卷、u12 依法推进、u13 政府意识、u14 公民参与、u15 信息公开、u16 地方人大代表作用、u17 邻避情结、u18 公民权利意识、u19 诉求表达、u20 新社会精英、u21 封闭式决策、u22 风险认知差异、u23 强制性的执行方式、u24 监控机制、u25 非政府组织缺少独立性、u26 新媒体传播、u27 利益不平衡、u28 风险分配

续表

案例编号	案例摘录	初步概念集合
U	U11 政府吸纳公民参与的意识欠缺、公民参与方式受到限制、政务信息公开制度不完善、地方人大代表的桥梁枢纽作用发挥不充分 U12 邻避情结是邻避冲突产生的导火索、公民权利意识成长：邻避抗争的主体思想基础、对诉求表达不畅的不满、新社会精英的崛起 U13 自上而下的封闭式决策模式、流于形式的信息公开、冲突双方的风险认知差异、强制性的执行方式、缺位的监控机制 U14 非政府组织缺少独立性、新技术的发展为邻避冲突提供了舞台 U15 冲突根源：利益结构的不平衡，风险分配：非政治的决策垄断，冲突管理：对抗式的零和结局，决策模式：封闭式的行政管治	
V	V1 这次村集体留用地指标不是直接给地，而是将创造性地以折算货币补偿的方式进行补偿，每处理一吨垃圾补贴村经济一定金额 V2 自今年四月底花都区城管局在周边民众不知情下，在其网站公布二次环评结束后，立即引起周边清远民众及楼盘业主的强烈反对 V3 花都区城管局提供给评审专家的资料中，隐瞒清远境内的实际情况 V4 以送礼物相诱填意见表，企图达到村民同意建厂目的 V5 前往广州市政府信访办请愿、递交紧急请愿书，请求政府出面与花都区交涉，要求花都区另选址建厂、依法向清远市公安局递交万人集会游行示威申请书 V6 清远市的省级人大代表、省级政协委员分	v1 货币补偿、v2 民众不知情、v3 隐瞒选址实际情况、v4 质疑征求意见方式、v5 周边村民和楼盘业主代表上访、v6 递交万人集会游行示威申请书、v7 递交反对该选址提案、v8 递交改址请愿书、v9 决策程序、v10 公众参与、v11 政府公信力、v12 担忧和抵触、v13 环境污染和危害健康的风险、v14 环评专家的客观公正性

续表

案例编号	案例摘录	初步概念集合
V	别联名向省委、省政府递交反对该选址提案 V7 清远约五十名村民代表和业主代表前往广州城管委反映诉求 V8 周边清远二十三个村委会和碧桂园、恒大、万科、美林四大集团联合递交了要求花都改址请愿书 V9 5 名村主任代表全体村民，携带盖有三十四个村委会公章的请愿书前往广州，分别向省人大、省政协和广州市人大、政协反映诉求 V10 从沟通的角度来看，地方政府往往因邻避设施的危害性，害怕遭到当地居民强烈反对而试图将民众排除在决策过程之外，使决策程序缺乏透明性、参与性和公正性 V11 公众参与机制的不完善使得当地政府的公信力受到打击，公众对政府的信任度降低 V12 从个人因素来看，居民抵制垃圾焚烧项目选址在自己家门口是正常的担忧和抵触，他们惧怕承担项目带来的环境污染和危害健康的风险 V13 政府将环评服务外包给环评机构，容易被误解为“专家为获得经济利益而昧着良心做评估”	
W	W1 博罗县 1000 多名群众自发在县城文化广场聚集、上街表达诉求 W2 少数别有用心人员无视法律法规，组织不明真相的群众上街非法集会游行 W3 所谓“选址已定”或“拟开工建设”实属误传	w1 聚集表达诉求、w2 煽动群众、w3 谣言传播、w4 政府辟谣、w5 决策公开透明、w6 理性表达诉求、w7 选址科学合理性、w8 舆情监测、w9 响应民

续表

案例编号	案 例 摘 录	初步概念集合
W	W4 网友观点倾向性分析：18%的网友认为政府辟谣比较及时、25%的网友认为决策信息需公开透明、28%的网友认为民众应理性表达诉求、反对打砸行为、21%的网友认为政府对污染项目选址要科学合理 W5 梳理博罗县民众因修建垃圾焚烧厂聚集抗议事件，带给我们如下启示：加强舆情监测对民意诉求需及时响应、及时辟谣防止舆情进一步发酵、线上回应和线下走访相结合更具说服力 W6 我国邻避冲突的治理主要存在政府公信力受质疑、公众参与不到位、补偿方式单一化、技术标准不完善和环境风险防范不足等问题 W7 政府对公众合理诉求的回应、公众参与环境决策的渠道、环境应急管理预警机制 W8 公众环保意识、公众法治意识、环境决策公众参与度 W9 民众认为自己的生存权利、经济利益和政治权利等都受到剥夺，接着开始动用可利用的资源，动员他人并进行抗争 W10 民众参与决策是群体性事件倒逼所致。惠州市政府直接发布了垃圾焚烧设施环评的信息，但该项目进入政府议题设置的过程中并未实现民众的参与 W11 企业缺乏与民众主动沟通的意识，从博罗垃圾焚烧厂决策公开到邻避事件的发生，企业没有主动向民众解答关于该设施可能带来的污染的疑惑，导致民众疑虑和担忧不断增加；在事件应急处置过程中，企业也是躲在政府背后，等待政府出面解决。	意诉求、w10 政府公信力、w11 公众参与、w12 补偿方式、w13 技术标准不完善、w14 环境风险防范、w15 预警机制、w16 公众环保意识、w17 公众法治意识、w18 权利被剥夺、w19 企业沟通意识、w20 企业过度依赖政府、w21 媒体报道公正性

续表

案例编号	案例摘录	初步概念集合
W	W12 许多商业性媒体为了吸引受众眼球，发布的文章非常片面，只强调民众上街游行，邻避事件规模大，而不对政府的回应做出报道，甚至进行有意弱化	
X	X1 附近村民因担心该厂会对身体健康、周围环境质量和资产价值等带来诸多的负面影响，于7月3日上午9时许，约200名群众陆续聚集到禄步镇天桥附近请愿，一小时后，聚集人数升级为1300人，聚集地点也转移到禄步镇政府门前，造成交通严重堵塞，局势随时都有失控的可能 X2 当地官微“@高要宣传”也进行了持续的跟踪和报道，但相关部门给予该事件的处理态度止步于此，没有及时地采取有效的应对措施，并快速关闭了官微的评论功能，禁止网友进行评论，对网友的呼吁置若罔闻，加之辟谣方面缺乏有力的证据，种种做法彰显了当地相关部门的鸵鸟心态 X3 经济层面：地区经济增长方式不合理，轻视长期利益 X4 政府行为层面：政府部门监管不力，执法不严；应急滞后，职能缺位；信息沟通不畅，政府公信力不足 X5 制度层面：环保法律法规体系不健全，而且执法力度不强，使企业有机可乘，一些污染超标的工厂受利益驱动，无视环保法律，违法排放超标有害物质；公众的诉求渠道不畅顺 X6 心理层面：当地居民出于邻避效应产生抵触情绪，进行抵制行为。	x1 身体健康的、x2 环境质量、x3 资产价值的影响、x4 聚集请愿、x5 政府辟谣、x6 政府利益取向、x7 监管不力、x8 执法不严、x9 应急滞后、x10 职能缺位、x11 信息沟通、x12 政府公信力、x13 环保法律法规体系、x14 企业违法排放、x15 诉求渠道、x16 抵触情绪

续表

案例编号	案例摘录	初步概念集合
Y	Y1 村民进行了游行反对在村民附近建设大型垃圾焚烧发电厂 Y2 邻避心理渐成社会普遍心理，邻避项目落地已愈发艰难。一边是公共利益的强烈需求，一边是当地的多元诉求和维稳压力。双方裂痕之下，“一闹就停”的邻避困境已成常态。	y1 游行反对、y2 邻避心理、y3 公共利益的强烈需求、y4 多元诉求、y5 维稳压力
Z	Z1 居民到市委、市政府聚集表达诉求与警察发生冲突 Z2 这个事不要遮、不要挡，要及时回应群众合理的环境诉求。垃圾焚烧发电厂要严格按照标准，采用先进设备和成熟技术，保证严于标准排放烟气、科学处理燃烧废弃物，保证垃圾焚烧厂安全稳定运营 Z3 确保垃圾焚烧厂安全稳定运营，需要部门监管、企业自管、公众监督等多方力量参与 Z4 选址合理性是政府与公众争论的焦点，项目施工前的行政审批阶段是发生邻避冲突的敏感节点，公众的冲突行为具有情绪化、暴力化和长期性特点，而地方政府治理能力的强弱影响邻避设施选址建设的结果 Z5 一方面是担心环保设施建设对今后当地招商引资可能存在的不利影响，另一方面也是对于群众工作不重视、不愿做，甚至是不会做 Z6 首先，民众因为对环保设施具体运行情况不了解，容易接受一些不准确甚至是错误的概念，在主观上缩小环保设施的正面效应，夸大其负面后果	z1 聚集、z2 诉求回应、z3 先进设备和成熟技术、z4 排放烟气、z5 废弃物、z6 安全稳定运营、z7 政府监管、z8 企业自管、z9 公众监督、z10 选址合理性、z11 行政审批、z12 冲突行为、z13 政府治理能力、z14 招商引资、z15 群众工作不重视、z16 民众主观夸大负面后果、z17 片面认知、z18 风险规避、z19 利益受损、z20 不平衡心态

续表

案例编号	案 例 摘 录	初步概念集合
Z	Z7 其次，出于自我意识作祟，容易对环保设施的问题、风险和成本产生出片面的观点 Z8 最后，因为民众的风险规避心理，更易关注环保设施带来的负面效应，倾向于自我保护，拒绝与环保设施为邻 Z9 一方面可能会导致环保设施周边土地价值的降低，进而使民众个体的利益受损 Z10 另一方面也因为经济补偿难以定量核算的原因，极易产生“不平衡”心态，进而导致不满情绪的滋生蔓延	